我素我行

台海杂志社　编

海峡出版发行集团 | 海峡文艺出版社

《我素我行》编委会

顾　　问：陈慧瑛

主　　编：年　月

副 主 编：刘舒萍

编　　务：郑雯馨 张　铮 司　雯

装帧设计：江　龙

支持单位：厦门欧华进出口贸易有限公司　厦门中奥游艇俱乐部有限公司

厦门市快乐壹家人吃素团　厦门市南普陀寺实业社

厦门虎溪岩寺　厦门普光寺

无论我在台港澳地区

还是在东南亚

厦门呷素永远是我乡愁的慰藉

阿嬷古早味

下南洋

故乡的泥土

CONTENTS
目录

宝岛寻味

香江知味

澳门回味

厦一站

阿嬷古早味

当循着厦门呷素逐步深入，我们遇见了台港澳同胞的思念，遇见了华侨华人的乡愁，遇见了国际友人的情谊。原来，厦门早就和全世界千丝万缕、难舍难分。

来了！幸福厦门味，为世界上菜啦！

图 / 南普陀

无数的港澳台同胞和海外侨胞慕名前来品尝素菜，因为厦门味就是回家的味道。每一次下筷，都能品尝到食材背后的故事；每一次咀嚼，欢喜在舌尖绽放。

厦门业者发起的素食教学活动　图／睦谷

欢喜厦门味

文 / 刘舒萍

“什么是你心中的厦门素味？”每个人心中，都有不同的味蕾经验，却不约而同提到南普陀。百年来，南普陀素食一直声势不断，融合了宫廷素菜的精细、民间素菜的天然、寺院素菜的纯正，既讲究色、香、味，又讲究形、神、韵，一道菜一个雅名，每每令人回味再三，难以忘怀。正因如此，每年来自世界各地的善男信女到南普陀后，除了参究佛法，还会品尝南普陀的古早口感、现代禅味。

欢喜从哪里来？从一抹微笑、一个合掌、一声吉祥，还有一餐美食。美食如何给人欢喜呢？当令当地严选食材与创意料理擦出爱的火花，以山川大海所孕育的食材为经，以历史为纬，让素食不再是对号入座的味觉，而是让人眼睛为之一亮的现代禅味。这也是厦门的素食文化自觉：从产地到餐桌，从传承到创新，共建人与自然万物和谐共生的氛围。

素食的文化自觉

孔子曰：“饭疏食饮水，曲肱而枕之，乐亦在其中矣。”

素食俗称吃素，也称蔬食、疏食。早期，人们往往是因为贫穷而吃蔬食，但在中国传统文化语境中，蔬食成为一种高尚人格的象征。儒家强调德行，认为有德行的君子应该安贫乐道，孔门弟子中最得到孔子认可的颜回，就具有“一箪食，一瓢饮，在陋巷，人不堪其忧，回也不改其乐”的安贫乐道精神。根据儒家和道家对隐士生活的渲染，布衣蔬食也成为“高尚其事”的隐逸生活的象征。

中国在历史上几乎没有刻意强调要弘扬素食主义，对一个有着悠久农业文明的国度而言，素食是绝大多数中国人在绝大多数时间里的自觉选择，这源于朴素的仁爱之心。《礼记》中描述：君子远庖厨，而《孟子》对其进一步解释："见其生，不忍见其死，闻其声，不忍食其肉，是以君子远庖厨也。"道家经典《太上感应篇》中也有"不可射飞逐走、发蛰惊栖，穴覆巢、伤胎破卵，不可杀龟打蛇、伤害昆虫"的说法。

回溯历史，欧洲的素食历史只有百年，但在中国，有上千年的素食文化，僧人素食更是汉地佛教的特有传统，这一传统则由梁武帝强力推动。梁武帝以皇帝身份在佛教界大力宣扬食素，晚年更是恪守持佛教戒律，一天一餐，不吃肉食，只吃豆类的汤菜和糙米饭。梁武帝之后，中国寺院食素风尚开始形成，并建立起一套制度。仔细研究寺庙的素食，师傅们特别喜欢吃土豆、地瓜、芋头、花生、荸荠、藕、竹笋。原因何在？有人说，因为这些东西都长在地下，采大地之灵气与精华。这样看来，最好的疗愈来自最天然的食物。

中国历代注重农业，中秋节正逢五谷丰登的农收季节，农户家中常食用"芋魁"，就是老厦门人中秋时节所吃的番薯、芋头。俗语有云，"八月十五，吃番薯芋"。番薯和芋头是中秋前后成熟的当季食，蒸熟的番薯剥皮后呈黄色，如同黄金；芋头蒸熟剥皮后呈白色，如同白银，被闽南人寓为"包金包银"。南普陀寺名菜"香泥藏珍"所选用的芋头，产地就在厦门市集美区灌口镇田头村的仙景社，故名"仙景芋头"，仙景芋具有个头大、营养价值丰富、粉含量高、松、香、酥等特点，深受海内外食客喜爱。

传说苏轼发明了 "东坡肉"，他爱吃"竹笋焖猪肉"，但他晚年一改习气，最爱吃蔬菜、水果，偶尔吃肉，也只吃"三净肉"。对此，旅居新加坡的作家何华感慨："东坡先生的饮食历程值得借鉴。人的胃口，终究要退化，随着年纪的增长，一定是越吃越少，越吃越素。记得父亲晚年卧床七年，胃口不佳，以前最爱吃的鱼肉都推到一边，只留下玫瑰腐乳，用来配粥。"

不同于东坡先生到晚年爱上蔬食，近年来，厦门素食人群已趋于年

千年古刹里的素沙茶面　图 / 南普陀素菜馆

南普陀素菜馆在 2020 年初推出素食自助餐厅，图为白玉翡翠

南普陀素菜馆海会楼素面馆　图 / 南普陀素菜馆

轻化，越来越多新潮、时髦的素食店，让大家从对素食的刻板宗教印象中跳脱出来。呷素有千百种理由。有人为健康，有人为环保，有人为宗教，也有人是因为一本书、一场讲座或者一场活动而改变了观念，也有许多人吃素是没有理由的，或者说他们自己也并不清楚理由。无论如何，厦门素食馆确实是有增无减，且家家都有自己的故事、由来和特色。

目前厦门已有素食餐馆百余家，吃素群体有 15 万至 18 万人，其中含弹性素食者 6 万至 8 万人，素食餐饮数量比照城市人口比例在全国名列前茅，素食人群趋于年轻化。

不可或缺的一块拼图

厦门仅有 1700.61 平方千米，看似面积狭小，其实早就与全世界搭起了千丝万缕，难舍难分。鼓浪屿是“厦庇五洲客，门纳万顷浪”的典范。人们已经很难估计历史上有多少洋人慕名踏上这个小小的南方岛屿，一叶风帆下南洋的故事在厦门也不是新鲜事，谁家没有亲戚在南洋？郑和下西洋后，大批华人移居东南亚。亦近亦远的东南亚，自古便拥有并善于利用丰富的自然资源与物产——特别是植物，当我们循着厦门呷素逐步深入，遇见了华裔移民海外后无可取代的乡愁。儿时的共同记忆，成就了最严格的烹调标准，成就了每一碗思乡的寄托。

食物是流动的，许许多多从大洋彼岸踏浪而来的外国人，还有那些在异国他乡打拼后叶落归根的华侨同胞，一起把这座小岛推向世界，加上海纳百川的新移民所带来的多元口味，厦门的街头陆续出现了缅甸、泰国、越南、印度、菲律宾、马来西亚等东南亚口味的餐厅、小吃店。数百年来，从泰式、越式、缅甸式料理等，悄悄地融入了你我的生活，成为厦门文化拼图中不可或缺的一块。

过去的 200 年间，在西方资本主义及殖民主义影响下，华人饮食文化开始在全球传播。以福建、广东两省为主的成千上万的中国人离开中国南方，到达东南亚、大洋洲、北美和南美地区，他们不仅为这些

素食产业发展方兴未艾，一起来快乐食素　图 / 黄子明

擂茶饭，蔬菜的清欢

地方带去了中国的烹饪方法，同时也带去了新的命名与食材。菲律宾餐桌上比较常见的一些新鲜时蔬都有自己的中文名称，比如：pechay（白菜），sitaw（丝豆），kuchay（韭菜），upo（葫芦），toge（豆芽），inchay（芹菜）；调味品 hebi(虾米），ngo hiong（五香），toro（酱油）。这些食物名称都是闽南方言，据悉，90% 的菲律宾当地华人来自福建南部一带。

中国原乡的很多食物漂洋过海到了南洋，经过在地化之后，就成了具有南洋特色的美食，如在福建、广东、湖南、江西、广西、台湾等地都有保留的擂茶风俗，到了南洋后，由液体的茶饮，成了几近素食的擂茶饭。“十样八样青菜，选择素食的人，不加小江鱼和虾米，就是这样。大多数人选择的青菜是豆类（长豆、四季豆、花生）、叶子类（秋菜、菜心、小白菜、包菜），再加菜脯，细切清炒。饭也有两种选择，普通白饭或油饭，最叫人留恋的是在把这些菜加饭搅拌以后，最后淋上去的那碗汤汁。青色的汤汁，即是它名称的由来，擂茶。”华文作家朵拉笔下的擂茶饭可谓是蔬菜的清欢，朵拉祖籍福建泉州。

“我相信，泰国人吃的用生木瓜丝做成的宋丹，就是受擂茶的影响。”蔡澜口中的宋丹，即青木瓜沙拉，是泰国最普通的小菜，也是泰国人最爱的菜品之一。饮食地化的多样性在擂茶中体现得淋漓尽致。东南亚的中国饮食种类可谓丰富多样，它们在该地区的影响力源自华人。正如美国人类学家尤金 · N · 安德森 (E. N. Anderson) 所注意到的：“华人比其他移民群体能够更长久、更忠实地维系他们的日常饮食习惯。”

普茶料理，300 多年前福建僧人隐元禅师传到日本的素食

向世界上菜

美食在对外传播过程中，同时将中华优秀传统文化带向世界各地，并保持着独特性。一份米粉，一份春卷，一份传承至今又在全球化过程中不断变化的食谱和烹饪经验，既值得品尝一番，又值得好好研究。时至今日，它的影响依然无所不在，中餐馆更是在世界各地遍地开花，还有不少华人，是以推广素食以结善缘的。

文 / 刘舒萍

“凡是有海水的地方就有华人，有华人的地方就有中餐馆。”此话看似有点夸张，却道出了两个事实：华人无处不在；华人走到哪里，就把中华饮食文化带到哪里。

从19世纪中叶开始，数以百万计的华人远涉重洋，足迹遍及世界各地。从俗称“南洋”的东南亚和南亚次大陆到非洲、澳洲、欧洲及美洲新大陆，无处不见华人社区。同时，海外移民也是一部中餐全球化的历史。华人把中华料理传播到世界各国，而在不同的文化环境下，中餐又衍生出众多分支。

饮食西游记

一部饮食史，往小了说就是人情世故的演练场；往大了说，就是人口流动史，是经济社会发展史，是中西文化交流史，其背后的故事耐人寻味。周松芳博士的《饮食西游记》，副题为“晚清海外中餐馆的历史与文化”，书中分章依次介绍了晚清中餐馆在美、英、法、德等国的发展史，兼涉荷兰、比利时、日本等。人的“乡愁”始终是与“口腹之欲”连在一起的。民国时期的中餐馆，在某种程度上是海外中国人的不同族群、不同阶层人士的一种共同的“原乡记忆”，从中可一窥海外中国人的家国情怀。

豆腐可是我们祖先的一大发明，西方营养学家盛赞它是最理想的“健康食品”。洋人熟悉豆腐，多亏了孙中山先生的战友李石曾。李石曾留学法国，曾用法文发表第一部专著题为《大豆》，并创立巴黎豆腐公司，为了让洋人亲尝美味，他又开设欧洲第一家中国餐馆“中华饭店”。

餐饮业是海外华人赖以生存的重要产业之一，是许多华人在海外经济发展的起点。食物之下，华人乡愁和文化自我认同盘根错节，联系着这一代、上一代甚至更久以前的生活方式，根指向我们与这块土地的关系，也串联着你与我。

色彩悦目、味美可口的素食　图 / 黄子明

“抬头一看 / 回到故乡的月亮 / 胖了！圆圆的脸蛋 / 正如陶陶居的月饼 / 饼圆，月更圆。”泰国华裔诗人“岭南人”写过这样一首诗《回到故乡的月亮胖了》，寄托了旅泰华侨华人对故乡的思念之情。月饼于华人而言，早已超越了普通美食，成为一种文化、一缕乡愁、一段回忆。在这种至味面前，我们都成了词穷的薛蟠。

“讲闽南话的马来西亚人对于辣椒的喜爱和那些祖先来自福建省南部的华人截然不同。我在位于福建省南部的永春县做过研究，我的祖父即从那里移民而来，研究结果显示那里的人们通常不吃辣椒；很少的一部分辣椒是由近些年嫁到那里的湖南妇女种植的。”曾任世界海外华人研究学会会长的陈志明教授，出生于马来西亚柔佛州，却一直情系中华文化。陈志明在《海外华人：移民、食物和认同》一文中写道：海外华人通过本地化的食物，建构起当地华人和当地华人社群成员的自我意识。

中餐像大树，枝叶的形态都有其生命的必然。在多民族、全球化的背景之下，海外华人会重新调整自己的传统食物以适应新口味，与中餐馆、中式咖啡店（在马来西亚和新加坡称 kopitiam，这个词来自闽南话）以及大排档一起，共同组成丰富多样的华人饮食。

随着冷战结束，迁出、迁入中国的全球性人口流动加剧，中国崛起为经济强国，自 20 世纪 80 年代起，海外越来越多的餐馆开始雇佣来自中国的厨师。中国厨师带来了丰富的中国饮食文化，同时华人之间中国菜的再生产，使来自中国不同区域的菜肴得以传播。素食亦然，悄悄拔尖，然后惊艳世界。

素食的文艺复兴

因全球气候变迁，为减少碳排放，全世界掀起素食潮。从北京 2022 年冬奥会和冬残奥会运动员菜单可见一斑，678 道世界各地特色菜品组成“舌尖上的冬奥”，在冬奥会菜单中，每餐均配备一系列素食。

香港蔬食协会主席伍月霖（左二）是香港周一无肉日的发起人，图为她与素友们一起

在尊重信仰差异与多元化的现代社会，吃顿饭如何照顾到所有人，成为一门学问。印度教徒不吃牛肉，穆斯林不吃猪肉，某些佛教徒不吃荤，减肥一族怕吃油荤，推崇绿色饮食的素宴因而成为时尚新潮流。如果要招待来自不同文化背景、不同宗教信仰的宾客，吃素是不错的选择。

深入探索，华人对素食文化的发展起到重要作用。毕竟，仅吃野菜而言，中国人就已世界无双。《不列颠百科全书》谈蔬菜原产地，首列中国。中国古书中专讲吃草的专著就能开个小图书馆，宋朝印刷术刚流行就留下了林洪的《茹草记事》,明朝皇子朱橚著有《救荒本草》,还有《野菜谱》《茹草编》《野菜笺》《野菜博录》等。从实操来看，林洪撰写的《山家清供》应该很受清淡饮食爱好者的喜爱，林洪所关注的不只是眼前的一粥一饭，还有诗和远方。他每每由食物而论及诗歌，由诗歌而论及诗人的品格。扫雪烹茶、摘花入馔、谈论诗文，何等雅致。

“在推动素食文化方面，华人一直扮演很重要的角色，很多华人有丰富的素食文化修养，烹饪经验非常丰富，推动素食也不遗余力。东南亚很多素食材料工厂由华人开设，供应到世界各地。”亚太素食联盟秘书长、香港蔬食协会主席伍月霖是香港周一无肉日的发起人，亦每年筹办香港素食嘉年华，掀起人们对无肉饮食的重视。伍月霖祖籍广东，罗汉斋是她印象最深的一道家乡菜。这是一道传统的中国素菜，材料有冬菇、发菜、金针、大白菜、豆腐等。伍月霖说，自己在东南亚一些国家遇到很多华人素食者，其中不少来自厦门，相处下来，她感觉厦门是一个人杰地灵的地方，“曾经受邀到厦门参观，遗憾因别的事情错过了，我也通过来自福建的优质产品，认识到厦门是个好地方。”伍月霖目睹华人对素食产业与文化教育投放了很多资源，通过几代人的耕耘，收获不少，“但还有一大段距离，我们必须更加努力。”

“推动素食文化发展，华人比较不计成本，以善心经营，就算餐馆亏本也会继续经营下去，目的只为推广素食以结善缘。亦因为华人信佛者多，不少信众选择茹素，不杀生、信因果、有福报等。”定居澳大利亚的华人冯太 Berly 茹素已经近 30 年，Berly 非常喜欢烹饪，精研创作素菜料理，家中常常高朋满座，只为尝一顿素宴。

“当朋友知道我选择茹素时，有点失望，怕尝不到我的厨艺了。其实很简单，把做荤食的技术和心得放在素食艺术上，别具一番风味。”2003 年，Berly 开设了一间私房菜馆，除分享美食外，还可利用店内空间弘扬中国传统养生文化，闲暇时间，她还为报纸杂志撰写茹素的生活随笔。

“一带一路”美食带路

孙中山先生曾为“宣威火腿”这一中华美食题词“食德饮和”。“食德饮和”最适于概括中华饮食文化的渊博与高深，尤其是对素食者而言，饮食行为要符合“德”“和”的原则，除了吃好，更有义务用吃来维护地球的永续与美好；从饮食出发，唤醒人与土地的依存关系，吃出过去与未来。

美食，无疑是人类文明互鉴过程中当之无愧的“先遣使”。世界食学论坛理事长刘广伟认为，美食是推进“一带一路”建设的亲和剂和润滑剂。在他看来，除了丝绸和瓷器，食物也一直是丝绸之路上交流的重要内容：张骞通西域，为我国带回了胡椒、胡豆、胡萝卜等食材；明代盛边贸，我国又引进了番椒、番薯、番瓜等农作物。如今，这些引进的食物食材均对我国的农作物种植结构和饮食文化产生了重要的影响。与此同时，从我国走出的茶叶、小麦等食物也同样在润物细无声般地影响着沿线国家，充盈着他们的餐桌和饮食文化。

“过去几年，在内地有组织素食峰会，邀请东南亚厨师与本地厨师交流厨艺，这是一个很好的开始。将来，‘一带一路’国家会有更多交流机会，随着各地的素食消费者人口增长，素食产业就会兴旺起来。”伍月霖表示，自己经常留意国家推出的利民政策，看到地方政府对不少素食产业交流活动提供了前所未有的支持，感到非常羡慕，“香港是特别行政区，有不少与国际互动交流的经验与优势，我们非常乐意利用过去与国际团体伙伴合作的平台资源，积极与内地机构、平台对接不同项目。”

作为“一带一路”倡议支点城市，厦门海陆空通达五洲，是中餐与世界相遇的桥梁，是亚洲乃至世界饮食文化的交汇之地，正因为能不断融合中外各种食法于一炉，不断推陈出新，厦门才能成为闽南菜肴的重要窗口之一。同时，因为旅居海外的华人华侨众多，以闽菜为代表的中餐从厦门走向世界，名扬海内外。

日本冲绳与福建有着紧密联系　图 / 冲绳观光会议局

“一脉承传——黄檗文化展”2021 年在东京启幕

作为中国的邻邦，在主要食材、餐具等方面，日韩与中国有着许多相似之处，两国的饮食文化都深受中华文化的熏陶，主张 "医食同源"，讲究五味（酸甜苦辣咸）、五色（白黄红蓝黑）及五法（生煮烤炸蒸）。

素食东游记

文 / 刘舒萍

翻看厦门的国际朋友圈，与日本、与韩国往来密切。早在 1983 年，厦门就与日本长崎县佐世保市缔结了友城关系，1995 年与日本冲绳宜野湾市缔结了友好交流关系；在国际友好港口方面，14 个国际友好交流城市中有 2 个来自韩国；15 个港口中有 4 个来自韩国；在 21 个国际友好城市之中，韩国亦有一席之地。

隐元禅师由厦门东渡日本

中国僧侣东渡日本古来有之，其中对日本文化产生重大影响的代表人物，在唐代有鉴真和尚、空海和尚，在明清之际则有隐元禅师。360 多年前，隐元从厦门东渡日本，并带去许多菜种、素食烹饪方法、茶道和僧人会餐方式等。

在日本期间，隐元大师不仅传播了佛学经义，在京都宇治建黄檗山万福寺，开日本黄檗宗（成为日本禅宗三大宗派之一），还带去了先进文化和科学技术，对日本江户时期经济社会发展产生了重要影响。

在食物方面，隐元带去许多菜种，如四季豆、西瓜、莲藕、孟宗竹等等，其中最著名的就是日本人用隐元名字命名的“隐元豆”。时至今日，京都仍旧把四季豆称作隐元豆。

过去，日本僧人的饮食极为简约，大抵是每人一份，用餐时并无桌椅。隐元带来了崭新的饮食形态：吃饭时有桌有凳，四人一桌，所有的饭菜都放在一张桌子上，大家围桌而食。盘中之物经常使用芝麻油，大量材料油炒或油炸，到了烹饪的最后阶段，多加入水淀粉勾芡，调出黏稠的味道。此烹调技术与当时中国的素斋制作有共通之处，由此也可推测出隐元的思乡之情。记忆与乡愁，总会凝结在舌尖上，镌刻在味蕾中。

这种饮食后来被称为“普茶料理”，由于盛行于长崎，故又称长崎料理。因为大受欢迎，寺院门外开了一家白云庵，专门供应具有中式风格的素斋，营业至今。“普茶”是向大众普及施茶之意，喝的是“煎茶”，此后就有了茶泡饭。值得一提的是，隐元到日本后，对日本的茶道也产生了较大的影响。当年，随隐元到日本的弟子、工匠、画师中，以闽南人居多，他们都有饮茶的习惯和一整套的沏茶方法，因此福建闽南的煎茶也渐渐从僧侣流传到社会。1956 年成立的全日本煎茶道联盟尊隐元禅师为始祖，至今仍指导日本各地众多的煎茶道组织和爱好者定期举行品茶会，成为日本茶文化生活的重要内容。

在冲绳遇见闽南

日本料理的特色以生冷食物居多，但冲绳的饮食却与闽南相似，最具特色的便是炒苦瓜。炒苦瓜是闽南一带夏天必做的家常菜，具有清凉解毒的功效，到了冲绳便成了当地的一道特色菜，流传至今。走在冲绳的街头，也处处可见闽南地区的文化印记，还可以遇见台湾同胞开在冲绳巷弄里的素食餐厅，如金壶食堂。老板是中日混血，一开始是其母亲经营素食店，后来老板继承了这家店，店里的素肉粽卖得最夯。

老板会讲一口流利的闽南话，让造访当地的闽台游客倍感亲切。

从气候看，冲绳是日本唯一的亚热带气候地带，一年四季艳阳朗照，雨水充沛，其自然环境和气候条件与闽台区域十分近似，这就为诸多米、麦、甘薯、蔗糖等农作物栽种和蓄养提供了可能。

冲绳岛上的百岁老人数量居全球之最，他们的饮食中包括丰富的豆腐、红薯、鱼类以及大量蔬菜。当然，呈现食物的方式同样也非常重要。日本人喜欢将食物分装在多个小碟子里，这样人们往往吃得更少一些。在日本，一部分素食是包含海鲜鱼虾类的，如果你点餐时没有特别交代，很容易不小心误食了含有海鲜的食材。在这里，连酱油都分荤素，有的酱油就含有鲣鱼。

日本曾经是一个素食主义盛行的国度，这种饮食习惯至少持续了千余年，直到明治维新之后，随着西方文化的渗透才发生变化。但素食之风延续了下来，从日本人在食物选材、料理方式和调味方式上，多多少少看到中国古人的饮食习惯。以新年为例，日本新年时的饮食以清淡为主，传统中以素食为主，年夜饭要吃荞麦面，长长的面条喻示着健康长寿；要吃七草粥，在白粥里放进去了七种绿色的蔬菜叶，七草即芹菜、荠菜、鼠田草、鹅肠菜、宝盖草、石龙茵和白萝卜，皆为春天的代表性草花。从中不难发现中国传统文化的影子。

韩国饮食的素颜

仁川市善隣洞一带是韩国第一个中国人聚居区。走出仁川地铁站的 1 号出口，一抬头，马路对面刻有“中华街”三个大字的宏伟牌楼。这座高 10 余米古色古香的石牌楼，是 2000 年由山东省威海市赠送的标志性建筑，也是仁川唐人街的第一道关口。来到韩国仁川中华街寻素，一定要尝一尝当地的炸酱面、石锅拌饭、炒冬粉等。来到这里，不会讲韩语也没关系，不少业者会讲中文。

在韩国，无论男女老少，几乎都爱吃炸酱面。从口味上来看，北

冲绳的素食色彩缤纷，大量使用海岛蔬菜　图 / 浮岛花园

京的炸酱面是咸香口味，酱的颜色是黄色的；韩国的炸酱面味道偏甜，酱汁的颜色更深。据考证，韩式炸酱面起源于中国山东。19 世纪 80 年代中期，中国山东的华侨开始大量移民至朝鲜半岛，炸酱面便是从那时传入韩国的。过去，韩国人每当家里有喜事，都会到中华料理店吃碗炸酱面庆祝，在当时炸酱面是奢侈和珍贵的象征。现在，炸酱面已成为韩国人生活中不可缺少的一部分，素食者也推崇素味炸酱面。仁川还建有专门介绍这段历史的炸酱面纪念馆。1992 年中韩建交之后，中式火锅、羊肉串先后在韩国风行，近年来轮到了麻辣烫，写有麻辣烫、麻辣香锅的中文招牌不时可见，老板和员工也多为中国人，闽南素食的新做法也陆续被带到韩国。

在异国他乡邂逅家乡风味，这让旅韩二十年的彭朝霞倍感亲切。“韩国、日本、越南都是汉字的文化圈。汉字和汉文化对韩国的影响非常深，

位于冲绳的素食餐厅提供由有机蔬菜所做成的料理　图 / 浮岛花园

韩国以前使用的是中国汉文字，即便后来发明韩文，今天韩文中有 70% 的词汇都是汉字词。”彭朝霞是一名语言学博士、大学教授，主要从事汉语研究和教学工作，在她看来，语言、食物、文化之间是相通的，食物的融合源于文化的融合。彭朝霞不是严格的素食者，随着年龄的增长越来越喜欢吃素，在她看来，也不用刻意去寻素，因为在韩国饮食文化中，蔬食与野菜是很重要的部分。

春风吹来野菜香。这时，各家庭和餐厅里都会摆上一些用野菜调制的小菜等美食，最常见的有荠菜、野蒜、苦菜、垂盆草、楤木芽、艾蒿、春白菜等。野菜的吃法很少用大火油炒，传统的做法是先将蔬菜过水后沥干，再淋上酱油、盐、芝麻油拌着吃。许多韩国人相信“野生”的菜会比温室里栽种出来的更有营养价值、更能滋补身体，另外因为佛教对韩国文化的影响很深，吃素成为重要的避免杀生的生活方

充足的阳光与海风下培育出的冲绳“岛蔬菜”　图摘自《冲绳素食指南书》

冲绳的岛蔬菜

木瓜
用成熟前的青木瓜当作食材，做成沙拉与炒菜的食材来食用

红地瓜
高雅的甜味与绵密口感，可用红地瓜艳的红色制作甜点

火龙果
营养价值高，被当早餐食用的火龙果可以做成果昔或直接食用

芒果
冲绳最具代表性的热带水果，浓郁的甜味与恰到好处的酸味令人着迷

苦瓜
冲绳最具代表性的菜，可炒菜食用，特征是它的苦味

芭乐
种子多，但是带有美味香氛，可用于制作果汁与甜点等

丝瓜
在冲绳被称为夏季蔬菜，嫩瓜可做成味噌炖菜等食用

百香果
具有独特香气与清爽甜味的人气水果，被认为有美容效果

红凤菜
自古就被当作长寿菜使用的食材，是制作成凉拌菜或汤品的配料

扁宝柠檬
自古以来的原生香酸柑橘，很适合搭配餐点，成熟的果实可做成果汁

式。春天，彭朝霞经常能在野地里、公园里遇到采摘野菜的韩国人们；商超也会推出季节限定的野菜拌饭便当，让没时间去野地里摘野菜的都市人也能享受得到春天的味道。

韩国人很强调自己拥有四季分明的气候，主张吃在地、食当季，信奉“身土不二”。韩国人也喝粥，不过一般只有在身体不太舒服或消化不太好时才会选择喝粥，基本上是蔬菜粥、南瓜粥、松子粥、绿豆粥、红豆粥，这些也都是素的，完全吸收了中国的那句老话：医食同源。

据统计，现在韩国大约有 50 万严格素食者，大约有 150 万韩国人正在采取植物性饮食，有多达 1000 万的弹性素食者，这一数字占韩国总人口的近 20%。2021 年，韩国政府为了居民方便找到无肉类成分的纯素食品，特别颁布一份素食餐厅选择指南，内容包含首尔市 948 家餐厅的现况。可见，韩国政府对饮食文化的行销总是不遗余力。

下南洋

从家乡漂洋过海抵达一个完全陌生的环境，气候、风土和周遭的声音与气味都不一样了，往往是家乡的食物可以延续记忆，使生活稍显安定，使自我身份仍然在时空裂变中维持一统。

图 / 黄会贻提供

在漫长的历史中，中国人一直把东南亚一带称为“南洋”。其实，在近代以前的中国人心目中，“南洋”在地理上并不全等于东南亚，而是将海外那一片边界模糊且广袤荒蛮的区域统称为“南洋”。东南亚则是“二战”以后才出现的概念。回望历史，每一次大迁徙，就有一次大融合，透过舌尖上的多元融合，一窥离开与回归。

鸦片战争以后，厦门就成为闽南人下南洋的主要港口　图 / 洪卜仁提供

绝好流连地，流连味细尝

文 / 刘舒萍

瀚海、烟瘴、白骨，是一代代中国人对“南洋”口耳相传的记忆。出洋移民是无奈之举，更是权宜之计。当时许多移民希望在南洋能觅得生计，辛苦奋斗获得人生第一桶金之后衣锦还乡。以闽南语歌唱的

《过番歌》流行一时。清末时期厦门会文堂的刻印《过番歌》是目前所知最早的文字版本。自称“过番客”，意指到番邦只不过是暂时性的、过渡性的，非长久打算，因此自己的身份是客，可见他们在心理上始终以中国为中心和归宿。

流向南洋

近代西方商船从中国沿海贩运苦力，始自厦门。据厦门《华侨志》所载，从 1845 到 1853 年，各国从厦门贩运出洋的苦力总数为 11357 人。在苦力贸易之外，自由移民也在厦门开埠后进入了一个高峰期。大批中下层的民众采用赊取船票到了南洋后再做工偿还的方式，纷纷前往菲律宾、印尼、新加坡等地。虽然从厦门出洋的民众来自全国各地，但厦门岛本地人口的外流数量也是十分惊人的，1832 年厦门岛有 14 万多人，根据厦门海关的报告，1880 年厦门岛上的人口下降到了 8 万多人。

可见，下洋潮是呈汹涌澎湃之势。清政府也意识到这一情况，三令五申实行海禁。光绪十九年 (1893)，清政府正式宣布废除“海禁”，出国人员骤增，仅在 1894 至 1913 年，平均每年有 5 万多人通过厦门港前往新加坡、马来西亚的槟城和马六甲海峡等地，同期每年则有 2 万多人返回。

清代，东南亚的福建人基本上是闽南人，他们的后代家庭大多说闽南语。在华侨筚路蓝缕的奋斗过程中，第一代移民思乡情结和中华风俗根深蒂固，多喜欢把家乡信奉的神祇带到居住地，供奉起来，这既在心理上缩短了与家乡的距离，也在异国他乡构建了象征家乡文化、获得心灵寄托的形象。天长地久，华侨把他乡认作故乡，更把越来越多的家乡神明引进来，将它们的庙宇建得越来越大。故而，今日走进东南亚及世界各地的唐人街，很容易找到汉字、中式庙宇、张牙舞爪的巨龙等代表中国文化符号的元素。

当移民进入第二代之后，慢慢融入当地，逐步形成一个独特的社群——土生华人。在各国有不同的叫法，印度尼西亚叫 Peranakan(土生)；新马 (包括新加坡、马六甲和槟榔屿) 将男的叫峇峇、女的叫娘惹，也有的叫侨生；菲律宾叫 Mestizos；泰国叫洛真；越南叫明乡。

流连地的乡愁

榴莲，是东南亚的一种常见水果，极具草根性的“果中之王”，其外形和气味以及功效都非常特别，不管是荤食者还是素食者，许多人都爱它。关于榴莲的华文记载，早在明朝就出现了。随郑和下西洋的马欢在《瀛涯胜览》中就记有榴莲。

为什么会叫“榴莲”？考证十分难，一种说法是郑和去南洋时，到了异域的随行人员久之就思乡，认为南洋虽好，但不如家乡好。为了安定人心，郑和买了许多榴莲请大家吃，没有料到大家很喜欢，越吃越想吃，渐渐地也不思乡了，且大有流连忘返的意思。于是，郑和便把这种水果叫作“流连”，后来转化为榴莲。

晚清政治家黄遵宪在他的《新加坡杂事十二首》中亦描写了不少南洋水果：“绝好流连地，流连味细尝。侧声饶荔枝，偕老祝槟榔。红熟桃花饭，黄封椰酒浆。都缦都典尽，三日口流香。”1891 至 1894 年，黄遵宪自任清朝驻新加坡总领事，榴莲从南洋华人的日常生活走入他的视线并进而走入他的诗歌。

从榴莲到流连，从名词到动词，从一种水果到被书写为一种代表南洋、代表移居南洋华人的文化符号。这既体现了南洋华人流连南洋的社会现实，也看到了南洋华人与当地人同化过程，终将他乡当家乡。在老厦门人的院子里，时常可以邂逅肥嘟嘟的波罗蜜，一些归乡华侨为了装饰自己的庭院，从海外带来了各种新奇植物，也带回了不少果树。1959 年鼓浪屿上的厦门华侨亚热带植物引种园刚成立时，从海外引进了上千种植物资源，其中就包括波罗蜜。外形上，波罗蜜与榴莲很相像，表皮同样都布满状如金字塔般的锥刺，果肉都是金黄色，都有内核，

听说，榴莲有流连忘返之意，代表一种留恋和思乡之情　图 /SOOKSIAM

人们轻易不喜欢它，而一旦喜欢了又无法餍足。

第一代南洋华人融入当地的过程是复杂而痛苦的，其中包括强烈的文化碰撞和磨合，故而在融入的阶段，移民喜欢建庙，每座华人庙宇，不仅是一个标示“中华”的空间，也成为可供华人投射中华想象的空间。

极乐寺，马来西亚最大的华人佛寺，也是东南亚最大、最宏伟的佛寺之一。极乐寺的创建人妙莲禅师出生于福建，33 岁出家于福建鼓山涌泉寺。从法脉来看，极乐寺属于福建涌泉寺在南洋的下院，极乐寺的建筑外形也与涌泉寺同质同构，寺里藏有光绪和慈禧御赐的匾额，足见当年清政府对极乐寺刮目相看。

作为中华佛教在南洋的代言人，极乐寺已经不单纯是一个宗教场所，而是华人的文化圣地，一代文豪郁达夫也曾来朝圣。1939 年元旦，郁达夫与报人畅游槟城，“在暮天钟鼓声中，上极乐寺去求了两张签诗”。1938 年，应以万金油发家的新加坡华侨胡文虎（祖籍福建）之邀，郁达夫离开福州后途经中国的厦门和香港及马尼拉，抵达新加坡协助办理《星洲日报》。19 世纪至 20 世纪初，从厦门、汕头、广州、上海、香港到达南洋，是中国人主要的下南洋路线。

呷素与血脉相连

宗教与食物的特殊关系在人类饮食史上是很特别的一章。在亚洲，由于佛教教义中对轮回因果惜福惜物观念的影响，发展出特有的饮食观——素食。出门在外，不知哪里寻素，华人庙宇许是一个不错的选择。

早期，东南亚华人吃素，多是因为宗教缘故，先是在农历初一、十五吃素，吃斋非常严格，严禁食用肉、蛋，连葱姜蒜小五荤都不可以。“在马来西亚，华人是素食文化的主要推动者，当然印度人也是有。在我看来，华人比较讲求养生、健康，蛮积极去推动素食文化。”李苡梅是马来西亚的一名瑜伽导师，祖籍福建永春，大学时期开始吃肉边素，赴美国念硕士后，因为寄宿的关系，下定决心吃素。

“告诉我你吃什么，我就能说出你是哪里人。”这是18世纪的法国美食家布西亚·萨瓦兰的至理名言。吃喝是人类的共通经验，就算天涯海角，语言文化隔阂，也让人听得津津有味。不过，在寻味东南亚素食文化的过程中，我遇见了许多祖籍福建的华人，他们大多是第三代移民，讲一口流利的普通话（有的会讲，但不会写），他们的祖辈大多数是在19世纪中叶之后南下的，也有20世纪90年代之后陆续抵达的第一代移民，人数相对较少。

借由分享素食，人们交换善意。大洋彼岸的我们借由一条网络或一条电话线，人生得以交错几小时。这种机缘需要时间，更依赖陌生人的巨大善意。抱着一肚子的好奇心，我听到许多故事，嗅闻从另一个时空飘过来的味道。通过他们的分享，我们看到东南亚风靡素食源于华人，看到华夏九皇信仰下南洋后对当地呷素带来的的影响，看到呷素由风土涵养，呷素与血脉相连，呷素装填回忆，呷素传递情感。

“对比荤食，素食价格高出不少，为何要吃素食？”这是目前推广食素过程中遇到的一个普遍问题，尽管在部分校园里，素食已进入食堂。未来若素食与植物肉的价格更大众化，也有利于普及。不得不承认，在目前的社会中，素食者的比例还不高。新加坡厦门公会永久荣誉会长、金航国际集团董事长林璒利的做法是，在尽量不影响家人朋友的灵活情况下，尽可能食素。林璒利22岁开始素食，今年74岁，在她看来，灵活食素并没有太多实际的难处，也不会让自己成为社交聚会中的边缘人。有趣的是，身边人知道她吃素后，也下意识选择素食餐馆就餐。一旦是在外用餐，吃素就完全不成问题，餐厅选择比比皆是。

林璒利曾应邀出席中华人民共和国成立70周年招待会，多年来她积极促进中国和新加坡两国之间文化和旅游交流，通过举办“春城洋溢华夏情暨欢乐春节”活动，推动了中新两国文化交流；1994年举办

新加坡厦门公会永久荣誉会长林瓆利是一名素食者

第一届“春城”活动时，她就邀请了厦门小白鹭民间舞团，并开启了这长达 28 年的“春城”活动。对此，林瓆利表示：“我的祖籍是中国福建，自幼移民至新加坡，但我一直保持着一颗中国心，我愿意尽我所能弘扬华夏文明和中华文化。”林瓆利告诉笔者，安排新加坡孩子到厦门研学旅游时，南普陀是必经之地，南普陀素菜也是一定要安排起来。在一饮一啄间，故乡的模样在味蕾呈现。

泰式料理由酸、甜、咸、辣这 4 种滋味调和而成，再加上香草与辛香料的香气，交织出冲击性强、充满个性的味道。用色大胆、香料独特，并且从摆盘到食材种类都十分丰富，使泰国菜的面貌非常多元化。那个本是华人的节日——九皇斋节，演变成全泰国甚至游客积极参与的盛大素食节。

泰国：DNA 里的福建味与乡愁

文 / 刘舒萍

泰国，自古有着微笑之国、千佛之国、白象王国的美誉，这里水中有鱼，田里有稻，一件单衣可以应付一年的气候变化。对国际观光客来说，除了当地的天然美景、宗教古迹与相对便宜的物价等因素之外，泰国独特的美食文化最常被各国人士津津乐道。

长年旅居泰国，著有《发现曼谷：城市的倒影》一书的作者 Alex Kerr 就指出："你若好好观察泰国的餐桌，无论餐厅还是居家，一般都必备四种调味料罐——糖，鱼露，醋、辣椒粉。人们可以依据自己的喜好，为食物添加不同的风味，可能是更咸、更甜、更酸，或者更辣……"当然，作为素食者，鱼露是不能放的。

九皇斋节信仰源于福建

"每到农历八月三十日至九月九日，无论泰国的南部和北部，华人都会为庆祝九皇圣诞连续十天吃斋，这种民间信俗在泰语中被称作'Gin Zai'。"范军是泰国华侨崇圣大学的副教授，曾在福建的华侨大学工作十年，后赴泰拓展华文教育工作，并与当地华裔结婚后常住泰国。

范军的妻子祖籍潮州，作为在泰国出生长大的第三代华裔，妻子一家依然保持着在农历初一、十五吃素的习俗。范军也是一名素食爱好者，曾吃过全素，后因工作应酬关系，变成弹性吃素。在范军看来，在泰国吃素最方便的时候非九皇斋节期间莫属。每逢九皇斋节，泰国会举办隆重的九皇斋节庆祝仪式，在包括唐人街在内的曼谷各大街道上，只要看到挂有黄色带"斋"字旗帜的食品摊，就可以买到品种丰富的素食产品，甚至一些学校的食堂也会专门推出素食档口。

九皇斋节最初是清末时期由福建人传播到泰国普吉岛，后逐渐传播至泰国各地。据不完全统计，全泰国有 100 多座九皇庙或斗母宫，九皇斋节的仪式特别盛大和独特，泰国各地的华人寺庙、善堂、善坛都会清洁门户，张灯结彩，殿桌上用斗装满香米，中间摆架珠算，旁插上一木柱，木柱上吊九盏油灯，象征九皇大帝，昼夜通明。其中，最为人称道的是闽南人聚居地普吉岛。每到九皇斋节时，普吉岛约 20 座华庙每天清晨五点便会举办一系列酬神活动，信徒须改吃素食，换上洁净的白衣白裤，停止娱乐活动，到寺庙进香，以祈求合家吉祥、平安、顺利。信徒严格禁食一切荤腥，包括肉、蛋、奶、五荤以及辣椒、香菜。

范军还清晰地记得，自己和妻子回厦门办婚礼时，正值泰国的九皇斋节。婚礼的前一天，妻子的家人从泰国飞到厦门，那天正好是吃斋的第十天，虽然人在厦门，仍须守斋戒。于是，曾在厦门大学留学的妻子，在学校附近找了一间素食餐馆，顺利解决了信仰与温饱问题。

“95% 以上的泰国人信奉佛教，泰国的宪法规定国王必须是佛教徒和佛教的守护者。所以在这样的社会氛围中，泰国，尤其是泰国首都及其附近地区的九皇胜会就形成了非常佛教化的仪式典礼，这些都可以说是宗教融合主义在泰国道教九皇斋戒信俗上的具体体现。”范军说，泰国笃信佛教，要成为国王者，必定得是虔诚的佛教徒，皇室在泰国的文化中，扮演着一个象征性的符号。

泰国的僧侣禁酒不禁肉，但自九皇斋节传入泰国后，其信徒也从最初的华人发展到泰人也跟着一起吃斋、拜神。随着经济的发展和人们对健康关注度的提升，这项传统节日也从过去的“吃斋消灾”演变为健康饮食。对于年轻人而言，理由更加简单，食素为了减肥，保持身材苗条。斋节由此成了素食食品生产厂商赚钱的黄金时间：素什锦香菇、素的火腿、素的鱼丸、素的虾肉、素的辣酱……给素食爱好者有了更多的选择。餐厅、超市、便利商店也都会推出素食商品或是特别的素食餐。

泰国菜里的招牌菜——泰式炒河粉　图 / 视觉中国

SIAM
齋
齋
SIAM

只要看到挂有黄色带“斋”字旗帜的食品摊，意味着这里提供[illegible]食　图 /SOOKSIAM

华侨是公认的经商能手，古今皆然，并因此而闻名于世。据泰国福建商会统计，目前在泰国以经商为主的福建人约有 30 万人。追溯历史，到泰国的华人以福建人最先，其次是潮州人、客家人等。但 18 世纪后，福建人的数量被潮州人超越，目前在泰国的华侨华人中，依然是潮州人最多，大多集中于半岛北部和东海沿海地区。这与泰国历史上的华人皇帝郑昭（又名“郑信”）有密切关系。

1767 年 10 月，有着潮州血统的中泰混血儿郑昭率军收复阿瑜陀城，建立吞武里王朝，并厚待中国移民，鼓励了更多潮州人前来。此外，另一个重要的因素是，汕头是华南最早与曼谷通航的码头，故而大批潮州人通过汕头去到泰国。曾任泰国总理的英拉的家族就是从广东丰顺移民到泰国的，当时丰顺仍归潮州管辖。

今天，走在曼谷街头，80% 以上的华人都是潮汕人，福建人的比例不是很高，虽然曼谷也有福建会馆，但福建人主要集中在泰南，如普吉、宋卡、北大年、也拉、陶公等府。2017 年，普吉与厦门结为友好城市。据统计，泰国普吉府人口中约有 90% 具有华人血统，绝大部分已是第三、第四代华人。这些华人大部分祖籍福建，其中又以厦门同安人居多。此外，两地都以三角梅为代表花卉。在普吉现有的 9 个华人会馆中，福建会馆是成立最早、规模最大的，已经有 120 多年历史。这些多数已经第三代、第四代甚至第六代的华裔，生活中依旧充满浓浓的家乡音，他们更会定期在会馆组织联谊，唱唱闽南歌曲、品品家乡味，如九层糕、豆沙、福建炒面。迎来送往间，会馆也承担着制造家乡味道的功能，以乡音乡味慰乡愁。

掀开泰式料理的面纱

泰国人慢性子在世界上可是出了名的。电影《泰囧》里有一句“jai yenyen”，直译为“心凉凉”，意思就是“请您心平气和些”。泰国人不只说话慢，做事也慢，生活中的一切以“慢”为最高指导原则。街上行人从来都是一副悠然自得的样子。你可能很难想象，在这看似悠闲的热带城市，人们一天的开始其实很早。因为曼谷的塞车问题很严重，故而天刚破晓，巷弄间或马路旁的流动摊贩已开门迎客。在这里，你几乎可以品尝到各式各样的小吃，这里的小吃有一种简单而原始的风味。与此同时，泰式料理大量使用蔬菜，采用少油的烹调方式等，不仅好吃，营养均衡又健康。

泰国人的特点是什么都可以，只要不是严格的全素主义者，味蕾很容易被捕获。泰国朋友告诉我，在泰国想要吃素食，不见得就得到素食餐厅去，大家都耳熟能详的冬阴功汤、打抛猪、泰式沙拉、青木瓜沙拉等，都可以在餐厅找到素食的版本。只要告诉点餐员，自己是素食者，通常服务生就会告诉你，哪些菜是可以做成素食料理。

泰国属热带国家，平均气温为 18℃ ~ 38℃。故而泰国人喜欢冰饮，喝什么都要加满满的冰块。为了提振食欲及避免食物滋生细菌，在饮食习惯上喜欢加入新鲜的天然香草，像是香茅、柠檬、南姜、红辣椒、柠檬叶等，也常使用豆蔻、香菜籽、黑胡椒、姜黄等香料。它们除了可以让料理味道的层次更丰富开胃外，也达到食补及食疗的作用。

文学家汪曾祺先生说：“一个一年到头吃大白菜的人是没有口福的。”搭配不同的咖喱，即便是一年吃到头的大白菜，也会交织出多层次的滋味。红咖喱、黄咖喱和绿咖喱是泰国常见的咖喱，红咖喱最热情，主料为泰国最负盛名的朝天椒，不是所有人都受得了的，对于口味清淡的人，尤其是素食者而言，黄咖喱和绿咖喱才是首选。绿咖喱是泰式咖喱酱中味道最清淡的一种，微辣，带着几缕淡淡的水果芬芳，主料除了青椒，还有青柠皮和香菜。

泰国素以“水果王国”著称，四季果香，对素食者而言，吃水果是一项必不可少的旅泰体验。厦门举办过多届泰国水果节，让市民在家门口就能品尝到正宗泰国味，活动主办单位之一就是泰王国驻厦门总领事馆，让恋恋榴莲味飘香鹭岛。

走进马来西亚，你会发现大马素食文化深耕已久，华人在其中起到重要的推动作用，亦不乏闽南人的身影。对于长期生活在福建的人来说，南洋小城的街道巷陌景色当是再寻常不过了，老茶室，小摊档，读报，仿佛一头扎进了过去的老岁月里，像极了故乡的模样。

马来西亚：入乡随素，把故乡留下

文 / 刘舒萍

2020 年，马来西亚全国人口约为 3245 万人，华裔马来西亚公民占 23.2%，在马来西亚 746.35 万华裔人口中，福建人占了逾三分之一。厦门与马来西亚往来密切：槟城与厦门是姐妹淘，是厦门最早的友好城市之一，巴生港与厦门港是姐妹港，是厦门港的第 10 个国际友好港；马六甲的鸡场街和鼓浪屿缔结友好历史文化城区，共同维护历史文化。

尝一口福建"肉骨茶"

融入一座城，最为简捷的方式就是融入这座城的味道。在马来西亚吃早餐，应该试一试肉骨茶。

肉骨茶，是什么茶？

可不要被它的名字欺骗，以为是用茶叶来煮排骨，实际上，肉归肉，茶归茶，分开进食。二者混合，叫肉骨茶。肉骨茶包的成分有当归、玉竹、桂皮、枸杞、甘草、川芎、西洋参等中药，基本上属素食，随着时代演进，传统的汤肉骨茶也逐渐发展出其他类型的肉骨茶美食，如素骨茶等。素肉骨茶用菇类、豆制品、青菜取代肉，口感少了油腻，初尝一口，少许药材的甘苦味在舌尖上散开，吞下去后却尝到了清甜可口的味道。相比荤的肉骨茶，素肉骨茶的药材味更纯厚些，一些素食者喜欢用"药材面"来称呼这道美食。

为什么叫肉骨茶？有几个说法，最具代表性的是苦力论。20 世纪初，许多华人出洋南下，从事苦力工作，南洋湿热，不少人患上了风湿病。先辈们用各种药材煮水喝以祛风湿，他们忌讳药字而称之为"茶"，后来，偶然将猪骨放进去煮，没想到别有滋味。接着，人们不断改进汤料，当归、枸杞、玉竹、党参、桂皮、熟地、甘草、川芎、八角、桂香、丁香等轮番搭配。现在的肉骨茶有多种不同的中药材配方，养生功效也各不相同，若想要在家动手 DIY，市面上也有出售料理包。

为了争夺肉骨茶发源地的名分，马来西亚与新加坡引发大战。从口

一些素食者喜欢用“药材面”来称呼素食版的肉骨茶

味来看，新加坡是潮州派，有较重的胡椒味，入口鲜辣，汤色比较浅；马来西亚则是福建派，药材味较重，先苦后甜，汤色比较深。根据马来西亚饮食作家林金城的考证，历史上第一个把中药配方加进肉骨汤里的，是祖籍永春的巴生人李文地，后来又得了个外号叫作“肉骨地”，恰巧永春话里 “茶” “地” 同音，久而久之，“肉骨地”就变成“肉骨茶”了。

“如果你要尝遍天下肉骨茶，请到巴生 Klang 去吧。”美食家蔡澜先生这样呼喊道。巴生，是一个海港，地方很小，但单单是肉骨茶店，已有两百多家。走进巴生早市，一股浓浓的中华民族风迎面袭来。市场上基本上都是华人，随处可见中国的传统小吃。这里的巴生人，祖籍大多是福建。他们的先辈从 18 世纪初开始，就不断从福建渡海南下谋生，大部分人最初主要充当劳工，在橡胶园或码头做事讨生活，到

1921 年在巴生的福建人已经接近 9000 人。

五条路的观音亭见证了巴生的变迁与发展，这是一间历史悠久、香火旺盛的古庙，是当地重要的地标之一，也是当地华人的信仰中心，庙门上“观音亭”牌匾上，还刻有“光绪任辰孟夏吉立”的字眼。作为巴生华人社团唯一一间公众庙宇，历史赋予观音亭的乡愁印记，在反映当地华人奋斗历史的同时，也见证了一个族群在历经多年磨难后，依旧保有原乡民间信仰的历程。素食者若想探索肉骨茶以外的巴生，亦可到朴乐空间走走，这是巴生第一家民宿素食餐厅，每天有不同的特色餐点。

最重要的味道不在舌尖

70 后华裔林秀明在吉隆坡长大，她的爷爷是福建永春人，十几岁时远渡重洋到马来西亚。在当时，出洋是无奈之举，落后的交通工具和落后的通信方式使得“漂洋过海”与“生死未卜”两个词如影随形，等成家立业、一切安定下来后，回家的路变得很长很长，终其一生，林秀明的爷爷也只回去过一次，“爷爷说，他还认得回家的路，家门口还是一片水稻，他说，都还认得。”林秀明说，爷爷回去后，特意在老家拍了一张照片，照片背后写有他在马来西亚的地址，多年以后，老家的人就是拿着那张照片过来寻亲的。

《民国吃家》里写道：“一个人的童年饮食习惯往往决定了其一生口味的基调，一个人成年后的所谓美食，往往也只是在找回童年的味蕾记忆而已。”在林秀明的记忆中，爷爷奶奶沿袭了吃米饭、喝茶的饮食传统，他们的餐桌多是粗茶淡饭，腌菜、豆腐乳；爸爸妈妈是在马来西亚出生、长大的新移民，他们的餐桌上咖喱、椰浆饭开始唱主角；到了自己的餐桌上，在全球化的发展浪潮下，基本上都是简餐。以早餐为例，多是冲泡一下麦片、豆奶，啃几片面包就应付过去。日常，她喜欢去华人茶室的 Food court 寻找美食。所谓 Food court 就是各

祖籍福建的 70 后华裔林秀明（左二）目前与家人定居在厦门

第三代华裔王皓永（右一）自 1993 年开始茹素后，致力于推广素食文化

种美食摊开在一起，食客可以自己选择爱吃的东西，再坐在公共的桌椅用餐。老茶室，小摊档，使得华人饮食文化得以更持久地保持延续。

马来西亚天气多炎热，从前，夏日的那一口冰凉的甜汤，叫作“地瓜汤”，将晒干的地瓜煮汤，放糖，一碗下肚，解暑气、解疲劳。到了林秀明这一辈，甜汤变成了甜品，地瓜去皮后，抹上擂茶酱，再撒些花生、糖，一口下去好吃又可口。尽管饮食习惯各有不同，但一家人都认可吃素，林秀明的奶奶是农历初一、十五吃斋，爸妈因为信佛的缘故，也经常吃素，她自己 13 岁时因为价值观选择吃素，她的孩子更是胎里素。八年前，林秀明随先生定居厦门。

定居厦门后，林秀明见到不少儿时的食物，入口即溶的花生糖、过年做的年糕、福建虾面……那是老一辈人的乡愁。“我们住的地方是华人村，便利店里基本上都是卖华人吃的东西。”背井离乡的人们，总是特别怀念妈妈的味道与故乡的餐饮，也因此总要想方设法弄一些家乡的食物。移民的食物带来一连串的链条，如专从老家运来家乡味的小贸易商，如比较花工夫制造的吃食小店，不但可以回味旧时的记忆，又可解乡愁。于他们而言，最重要的味道不在舌尖，而在本身的那种“味道”。这点真让人感念。

价值观比食品本身更重要

据数据统计分析，马来西亚最关注素食的消费群体来自槟城、雪兰莪州的 Petaling Jaya、Shah Alam 和巴生，这几座城市的共通点为华人众多、消费能力较强、受教育程度更高，有利于素食文化的推广。2021 年，马来西亚社交网络掀起“白旗运动”，呼吁因新冠肺炎疫情致生计困难的民众在住所屋外升起白旗或挂白布条求助，不少华人企业家向医院、庙宇捐赠素食便当，同时推广吃素。Mama Vege 素食餐厅创办人王皓永也积极响应。

王皓永是第三代华裔，从 1993 年开始茹素，他看准市场上较少有素食火锅店，2014 年创办马来西亚第一家素食火锅连锁餐厅，目前有 9 家分店。王皓永同时也是中华素食协会会长，曾两次带队到厦门参加佛事展，推广素食文化，南普陀寺的素食文化给他们留下深刻印象。中华素食协会曾做过一项调研，据统计，马来西亚从事素食加工的企业超过 130 家，素食餐厅超过 2000 家，“素食在马来西亚盛行已久，以店数来看，吉隆坡最多；其次是槟城，近 70% 的槟城华人曾经吃过素食。九皇斋节期间，槟城到处可以吃到素食，反而没吃素才让人奇怪。”王皓永如是说。

是的，要说起马来西亚小吃最有名的地方，应该还得数槟城。除了美食，在乔治市的街头散落着许多壁画，这也是吸引诸多人到槟城旅游的原因之一。乔治市是被联合国教科文卫组织，于 2008 年列入世界文化遗产的城市。在众多街头壁画，你会邂逅华裔画家陈毓康与“101 失落的猫”组织联合创造的各式各样的猫咪艺术品，目的是要唤醒人们爱护小动物的心。许是吃素的缘故，陈毓康的作品多以“爱”为中心，提倡多创作正能量。

同国内一样，马来西亚吃素的人分为 4 种：宗教信仰，健康理由，保育动物，环境保护。陈毓康属于后两者，他曾经特别喜欢吃肉，从荤转素，与太太有关。俩人恋爱时，一起去一家仿荤素餐厅用餐，到了现场，陈毓康愕然发现自己曾来过，原来过去吃的是素食。陈毓康认为自己味觉不灵敏，于是开始吃素。一开始，他也留恋过肉的味道，于是看到荤食菜肴就想象是一只动物摆在餐盘上，就这样慢慢放下吃肉的念头。“大马素食通”App 也给他提供了很多便利，小程序可依据地区、营业时间、食物种类和价格对素食餐厅进行分类，还有 GPS 导航，当然，也可利用大众点评来来搜寻素食馆。

新加坡有条厦门街

深入新加坡，你会发现它与福建有着深厚的渊源，这里还有一条厦门街。厦门街的熟食中心是米其林食探心目中的国民好食堂，该中心是2021年米其林新加坡“必比登推介”名单中最多摊位入榜的熟食中心，里面有不少好吃的福建特色美食，也能发现素食的踪迹。

新加坡：狮城的温柔素心

文 / 刘舒萍

新加坡既是一个岛国，也是一座城市，总面积约 700 平方千米。徒步新加坡，你不仅可以听到印度语、马来西亚语、泰国语和英语，还可以听到普通话。在新加坡，华人比重占到全国人口的 3/4，主要来自闽、粤、琼等地。这些年来，越来越多新加坡人加入素食的行列。

新加坡有条厦门街

新加坡海峡是马六甲海峡的一部分，是东南亚最繁忙的水道，也是世界上船舶往来最为繁忙、航运量最大的水道之一。它犹如一道水上走廊，东连南海，西接马六甲海峡，成为国际航运系统中重要的一环。每日太阳东升西落，上百艘航船在这一带来往穿梭。1821 年 2 月，一艘从福建同安刘五店出发的厦门帆船驶抵新加坡，成为新加坡开埠以后首艘从中国航行到新加坡的中国帆船，开创了中国与新加坡直接贸易的先河。

伴随着厦门商船南下新加坡的还有大量的福建人。1827 年，在新加坡殖民局发给华人居民的租地契约中，已出现厦门街这一地名。1829 年抵达新加坡的 8 艘中国帆船（其中厦门 3 艘）就载来 2000 人。1830 年，从厦门出发的 4 艘商船共搭载 1570 多人前往新加坡。新加坡早期居民多数来自厦门，厦门街因而得名。在厦门街的入口，有一艘帆船壁画，这正是 19 世纪中国移民下南洋谋生的典型帆船，厦门街以此作为纪念先辈们的勇敢追求新生活的精神。

来到厦门街就一定不要错过熟食中心，你可以先用纸巾占个座位，再去挑选各种美食，不管是叻沙、沙嗲、肉骨茶、辣椒螃蟹等新加坡代表饮食，还是星式早餐、饭后甜品、大众点心、咖椰吐司，中式、马来式、印度式等各种特色的地道美味任君挑选，新加坡的文化种族有多缤纷，饮食风格就有多丰富。这里对素食者也很友好，你可以轻易点到一份素餐。

熟食中心又称小贩中心，是由新加坡政府建设的室外开放式饮食集中地，无处不在的小贩中心是大多数新加坡人就餐的主要去处，从清晨的咖啡到夜晚的消夜，可以串联起新加坡人的一天。2020 年 12 月 16 日，新加坡的小贩文化正式被列入“世界非物质文化遗产名录”，这也就意味着新加坡拥有了首个非物质文化遗产。

新加坡小贩文化的兴起，其实也是应运而生。在 20 世纪 50 年代，新加坡还属于英国的殖民地，在新加坡生活的民众，为了解决温饱问题，为了谋生，成了街边的小贩。在那个年代，福建人自制的嘟嘟糕（一种类似蒸糕的食物）被放进小推车里沿街叫卖，印度人的手抓饭盛好后被顶在头顶的托盘里，到处游走。1968 年，新加坡成立之后，政府用了一年时间为小贩进行注册，并发给他们临时执照。1972 年，新加坡在裕廊建立了第一个小贩中心，从此政府开始有计划地建造小贩中心。据统计，如今的新加坡有超过 140 个小贩中心、6000 多个小贩摊位，

祖籍福建的黄会贻与新加坡莆仙同乡联合会副会长张志建一同品家乡的素兴化面线

小贩文化已经成为新加坡人生活当中的一部分，在新加坡城市化发展进程中，为世代新加坡人提供了身份认同感和延续性。

在厦门街的小贩中心饱餐一顿后，还可以去附近的安详山走走。这是一个闹中取静的好去处，祖籍厦门海沧的富商谢安详曾买下整座小山，遂改名安详山并沿用至今。有了安详山，自然也有安详路，该街道及周围的地皮被谢安详买下后，逐渐发展成中国商人聚集地，成为移民联系唐山和南洋的中心。毗邻厦门街的牛车水是新加坡的唐人街，沿街各种中式店铺林立，小巷交错纵横。1836 年，这里聚集起 13700 名华人居民，成为新加坡最大的城区。

吃饱了就不想家了

肠胃，其实是很顽固的，比思想还要顽固。在 80 后华裔黄会贻的记忆里，离过年还有一两个月，长辈总要特意跟熟悉的商贩打招呼，提前订货，以确保过年时兴化面线可以上桌，因为那是爷爷立下来的家规，是过年的象征。黄会贻是新加坡的第二代移民，祖籍福建莆田。莆田人过节，尤其是春节，一定要吃一碗兴化面线。兴化面线是莆田的特色特产，淡黄色，细如丝，略有米香味。“四角四角方，稻草捆腰间”童谣在兴化民间传诵了一代又一代，也随着先民漂洋过海来到新加坡。人在异国他乡，吃美味以寄兴，吃饱了就不想家了。

“我的外婆有一身好厨艺，所以我非常幸福，吃着非常古早味的福建菜长大。”黄会贻的外公外婆都是厦门人，外公是船员，常年在海上漂泊；外婆用厨艺撑起了一个家，白天在工地帮厨，晚上帮人卖肉骨茶，辛辛苦苦地将六个孩子抚养成人。

黄会贻受父亲影响跟着吃素，后因为自身在食品供应链十五年生涯，目睹各方食品链里的一切，而发愿茹素，并在 2014 年成立公司，为餐饮制造供应链业务提供一条龙方案。公司专注在咖啡、茶跟香料领域，黄会贻十分注重品控，认为车间人人都是品管员，饮食亦是其中一环，

舌尖上的乡愁之素兴化面线　图 / 黄会贻提供

如今，新加坡的素食选择越来越多样化　图 /NomVnom

她要求合作单位的同事们不在工厂里用荤食，食堂也只提供素食餐点，这是双方合作的必要条件之一。黄会贻不止将纯素理念贯穿在饮食里，更将保护动物及环境的想法延伸到工作中。“这是我的经营的原则，我们不能去改变大环境，我能做的是选择性地接纳顾客。”

黄会贻的两位姑婆目前还生活在厦门。提及福建的家乡味，菜脯蛋、五香、卤味……黄会贻脑海里闪过一连串奶奶的手艺，不过自从自己吃纯素后，往事只能回味，尤其是奶奶去世后，关于吃的记忆，挥不去也回不去，但一心专研荤菜素做。2020 年初，黄会贻曾计划带父母回厦门走亲戚，没想到遇到疫情，计划只好搁浅。

素食潮正在兴起

相信不少人看过新加坡经典剧《小娘惹》，该剧在新加坡播出时红翻了天，据说打破了新加坡的收视纪录，每天有 110 多万人观看。自 15 世纪起，不断有华人漂洋过海定居南洋，与马来女子结成婚姻，他们所生的后代被称为土生华人，男性称为“峇峇”，女性便是“娘惹”。娘惹就如同中国的名门闺秀，生于望族，长于深闺，一生专事厨艺和女红。娘惹文化保留着中华传统的印记，同时融入了马来、印尼和英国各种文明的元素，最终成为一道独一无二的风情，如今仍留存于新加坡和马来西亚一代。娘惹文化衍生的美食娘惹菜的特点就是味道香浓，大量使用自然香料食材，融会了甜酸、辛香、微辣等多种风味，十足热带风情。许多马来西亚原住民认为，娘惹美食见证了马来人与华人的联姻喜庆，代表浪漫丰富的娘惹美食特色。

娘惹的素食你吃过吗？作为新加坡唯一米其林必比登推介的素食，环界素食以娘惹味主题，衍生出了一道道创意十足的美味。环界的招牌菜包括橄榄炒饭、槟城仁当、酸甜小食、兰花猴头菇、参芭王等。其中，酸甜小食类似荤食的咕噜肉，炸得酥脆的斋料裹上暗红色的酱汁，

陈淑琳是娘惹文化的传人

由本土业者自创的纯素食餐厅，主打特色汉堡
图 /NomVnom

外观和咕噜肉极为相似，调味也是酸酸甜甜，却独具特色。

“娘惹菜，不敢说我最拿手，但是我必须要懂，这是我的家传。”自 15 岁开始吃素的陈淑琳是娘惹文化的传人，出生于 1967 的她，祖籍广东，出于动物保护主义，15 岁时决定吃素。彼时吃素还不是很盛行，许多人认为吃素不营养，外出就餐时可选项也极少。陈淑琳只好自己摸索，自己洗面筋，并列出所有能吃的东西，“单单菜就 300 多种菜，这意味着一年 365 天菜肴可以不重复。”这一发现让陈淑琳兴奋不已，素食可以很丰富，为什么要去吃肉？当时吃素最大的不便是在外如何解决三餐问题，但这也锻炼陈淑琳的意志力与耐力，同时也练就了一

咖啡、面包、半生熟的鸡蛋，是新加坡的传统早餐

手厨艺。例如，炸五香的重点在于炸得是否够脆、咖喱的重点在于辣度和香料的香气。

而今，本地的素食选择越来越多样化，为素食者的餐饮选择添加了趣味，遍布岛国各个角落的熟食中心、咖啡店、食阁、快餐店和餐馆，为素食者提供了极大的便利。只要不是特别忙碌，陈淑琳更喜欢亲自下厨做饭，在过去的 39 年中，她一直在研发纯素食谱，作为世界蔬食组织巡回大使，她致力于为食品行业和餐饮提供纯素食谱和产品的协助。陈淑琳也观察到，在弹丸小国的新加坡有近千家素食餐馆，其中纯素的有 71 家，素食潮方兴未艾。

印尼的华人固然在饮食方面是多民族化的，但他们在家里还是会选择中国传统食物或本地的华人饮食。透过餐桌上的家乡，故乡的模样在味蕾呈现，让中华味跟着重组、发酵、沉淀。被誉为印尼国民食物的天贝，为素食者所热爱，据说源自中国商人。

天贝，素食食材中的网红　图 /Tempeh Meades

印度尼西亚：少了天贝饭不香

文 / 刘舒萍

印度尼西亚（简称“印尼”）的第二大城市——泗水市（即苏腊巴亚），是厦门的第 11 个国际友城。关于泗水名称的由来有一种说法：早期南来的华人聚居于近河口处，此地为四条河流汇集之处，因而称之为“泗水”。这里的华人大部分来自福建。泗水唐人街与许多地方的唐人街一样，喧闹而杂乱却又充满了人气和活力，正如早年华人走四方，生根而开枝散叶，显示了茁壮的生命力。

当地的菜式多以蔬菜为主

厦门人定居于印尼的历史，可以追溯到四百多年前。17 世纪以后，印尼的厦门移民日益增多。据厦门已故知名文史学者洪卜仁考证，在荷兰殖民者的《吧城布告集》里，就可以找到 1786 年至 1808 年自厦门到达巴达维亚（今雅加达）的移民数字。近代航运发达，自厦门出境前往印尼的华侨更多，如 1935 年就有 9789 人。厦门籍华侨为印度尼西亚社会经济的发展出过力、流过汗。明末清初在印尼华侨中具有相当号召力的苏鸣岗，祖籍厦门。荷兰殖民者占领印尼初期，他曾为雅加达的城市建设出谋献策，是雅加达的第一个华人甲必丹。

荷兰考古学家德·弗里斯研究印尼出土的中国陶器，得出结论：“远在 2000 年前中国人已经漂洋过海踏上印尼国土，有的在万丹定居。如果确是如此，则汉代在印尼已有定居的华侨了。”数世纪以来大批中国沿海居民移居印尼，对印尼人的饮食习惯、饮食结构产生了影响。其中包子、肉丸、春卷、豆腐、豆芽、烧卖、肉面、油条等已被大多数印尼人接受，并在原有基础上加以改进，使之更加适合印尼人的口味，成为印尼的大众食品。印尼部分传统食品通过印尼归侨传入中国大陆，如凉拌什锦菜、肉串、印尼炒饭等。

印尼烹饪的关键食材是“nasi”，即大米，此外面条也很受欢迎。辣椒酱、椰子和香料是餐桌上常见的作料，印尼最典型的巴东菜就以油炸和辣味重闻名。大部分印尼人信仰伊斯兰教，除了中国餐馆、国际酒店和非回教区以外，通常不吃猪肉。苏门答腊的食物受中东和印度的影响，巴东餐馆遍布印尼，而爪哇的食物更接近中国和马来西亚的菜品。这里也提供素食，但常见的可能只有炒什锦蔬菜配米饭或面条。印尼人至今保留着原始的用手撕、抓饭的食法。除在正式的官方场合会使用刀叉外，一般印尼人习惯用右手抓饭进食，用餐时，商家会提供一碗水进行清洗。

“在印尼，素食已被大众接受，大城市有许多素食餐厅可以选择。在素食餐厅，也能品尝到印尼独特食物，如隆冬蔬菜米糕咖喱、蔬菜沙拉花生酱、香料索多面汤、香料烤天贝、杂菌沙嗲、巴东饭等等。”祖籍福建的印尼华裔徐慧霓介绍说，全印尼素食者中，华侨占了六到七成。24 年前，徐慧霓因为健康的原因而吃素，以蛋奶素开始素食旅程，在慢慢了解吃素的意义后，8 年前她从蛋奶素改成纯素。

印尼约 87% 的人口信奉伊斯兰教，是世界上伊斯兰教徒最多的国家。根据伊斯兰教历，9 月是斋戒月，这一个月，所有穆斯林只能在日出前和日落后进食。不过，斋戒，并不意味着不能吃肉，只是不能吃猪肉。故而，在印尼传统中，并没有特定要素食的日子，但当地的菜式多以蔬菜为主。

走进印尼，你会发现蔬菜的各种做法。雅加达的乡土名菜 Asinan 就是以各式蔬菜、豆腐、花生米、醋、辣椒等做成的沙拉，虽然味道很辣，却透有一份清凉；Sayurasem 类似一款汤，用不同蔬菜熬成酸甜口味的汤；Urap-urap 也是用蔬菜烹调，再配上炒好的椰丝，二者搭配食用。印尼人还喜欢炸蔬菜，主要是用面粉或木薯粉制成粉浆，蔬菜蘸上粉

黄姜饭是印尼喜宴上常见的主食，图为素食版喜宴料理　图 / 徐慧霓提供

祖籍福建的印尼华裔徐慧霓（右）是一名素食者

在印尼，素食已被大众接受　图 / 徐慧霓提供

浆后再炸，再配以辣椒酱或其他酱料食用。食物方面，印尼的选择较其他地方少，所以他们吃蔬菜时会配更多酱汁，常见的有花生酱、虾酱、椰汁酱、辣椒酱。对于素食者而言，Gado-gado（加多加多）是不错的选择，它通常是由各种蔬菜搭配组成，要调和花生酱食用，为典型的印尼式的蔬菜沙拉。“加多加多”的寓意是越来越旺，在印尼是一个意头菜，也是一道家常菜，在印尼餐馆，是食客必点之菜。

黄豆变天贝，源自中国商人

天贝，是素食者一定要知道的食材！它可以称得上是印尼国民食物，与豆腐、纳豆并称为 21 世纪的三大健康食品。传说天贝是古时由中国商人将黄豆带到当地，当时的人将煮熟的黄豆用叶子包裹，结果黄豆在叶子里自然发酵，意外形成天贝，让买不起肉和鱼的穷人也能吃到足够的蛋白质。

天贝又称“黄豆饼”“豆酵饼”，其做法是把黄豆泡软后蒸熟，再与酵母混合，完成后可以看到黄豆表面有白色的微菌，黄豆饼就做成了。虽然它是一种发酵食物，但制作时没有加任何调味料，吃时有淡淡的豆香味和经过发酵已产生出来的少许酸味。对气味比较敏感的人，料理时可用酱汁先把它本身的味道盖住，再进行下一步。

在当地最普遍的做法就是炸天贝，将其切片、切粒，炸好后配辣椒酱、花生酱或其他酱料食用。有些印尼人把天贝切成薄片后炸成薯片，作为平日的零食，或者切粒放进日常的主食里。在印尼民间，天贝还被当成是用来治疗肠道不适的药物，因为它具有超强的抗菌活性，使用后能有效地分解体内有害病菌，肠道自然就得到了保护。

黄豆变天贝，不但风味独特，营养也更加倍。尤其它所拥有高蛋白质，更是让它被欧美国家推崇为素食者的健康食品。印尼科学家专门对天贝做了研究，结果发现，“每人每天吃 166 克天贝，可以满足人体所需 62% 的蛋白质、35% 的维生素 B2 和 46% 的铜元素”。随着天贝的营养

印尼，被称为『香料王国』，从上到下依次为丁香、肉豆蔻、肉桂

厦门印尼归侨后代邱晓东出身于中医世家，崇尚轻素食

价值逐渐为世人所知晓，加上越来越多的华人加入素食领域，为了满足需求，印尼天贝公司在上海建立了中国第一个天贝食品工厂。

在印尼，华人几乎就是商人的代名词，在各项商业活动中，处处都是华人活跃的身影。邱晓东是厦门印尼归侨后代，从小父亲就告诉他，他们是厦门人，因为爱国而选择回国。清末民初，邱晓东的祖父邱牡丹到印尼三宝垄讨生活，凭着吃苦耐劳、勤奋工作积累下财富。高温、多雨、微风和潮湿是印尼气候的四大特征，许多人常患肠胃病、伤寒、登革热等热带疾病。曾在少林寺学过医的邱牡丹用金针替人治病，分文不取，人称“邱一针”。

受季风的影响，印尼一年只分两个季节：4 至 9 月是旱季，10 月至次年 3 月是雨季。印尼在干燥的季节里常常阳光照耀，而在潮湿的季节则变得多云天阴，一天结束的时候也常常伴随着暴雨。故而，印尼的食物要么是甜的，要么是辣的，要么是油炸的。出身于中医世家的邱晓东解释说，“在热带特别是赤道附近，人体消耗大，要补充能量，吃肉非常腻，故而许多人以素食为主，而且喜欢加香料，起到醒脾、祛湿的作用。”邱晓东崇尚轻素食，主张荤食者一天至少吃一餐素，不需要特别复杂与精致，一碗面、一盘蔬果亦是一餐素。

不管是素食还是荤食，香料在印尼菜中都是毫无疑问的主角。这与它的地理环境有关。印尼拥有超过 400 座火山，其中 130 多个火山被认为是活跃的。火山给岛屿带来灾害，大量喷发的火山灰意外变成最富饶的土壤。火山灰在海风经年累月吹拂之下，不断飘落在山坡上，累积成适合种植香料的沃土，孕育出令欧洲人趋之若鹜的各种香料。印尼的马鲁古群岛在中世纪就以“香料群岛”闻名于世，肉豆蔻、肉豆蔻干皮和丁香曾经只能在这里找到，在没有冰箱的年代，香料可防止肉类腐败及掩盖臭味，成为当时欧洲富裕家庭食品柜中不可或缺的食材。

据说马可·波罗在 1290 年左右从中国返回意大利的途中，曾经过印尼海域，他如此形容爪哇港口的繁忙盛况：“此地迭有船舶往来，屡见买卖货物、获利丰厚之商贾，岛上珍奇繁多，不及备载。”如果你随便挑个印尼现代贸易城的市场逛一逛，说不定会发现那里的景象和气息，非常接近马可·波罗在七百多年前所描述的见闻。

在帆船时代，从福建港口到马尼拉的航程，仅需要10至15天。地理上的邻近与航行上的方便，使福建与菲律宾在历史与文化上都有过密切的联系。数百年来，以福建人为主的华人华侨在这里留下了并还将继续留下无数的印记。直到如今，菲律宾很多食品和蔬菜的名称仍然保留着闽南语的古代发音。

菲律宾街头一角，当地关公信仰相当盛行

菲律宾："菲"一般的寻素之旅

文 / 刘舒萍　图 / 陈丽静

中国古称菲律宾为"吕宋"，华人在菲律宾的历史至少可以追溯到公元 10 世纪，且很早就与当地人之间通婚，以致现在有四分之一到五分之一的菲律宾人（不同来源说法不一）多少都有些华人血统。中国人所熟知的首位华人女总统科拉松·阿基诺的曾祖父就来自福建，菲律宾民族英雄、国父何塞·黎刹祖籍福建。再让我们把视线追溯到遥远的 16 世纪，明中叶时期，已有福建华侨漂洋过海来到菲律宾。

菲律宾与厦门关系密切，菲律宾在厦门设有驻厦门总领事馆，菲律宾宿务省宿务市是厦门国际友好城市，厦门人熟悉的 SM 城市广场的总部就位于马尼拉，这是由菲律宾商场大王、福建晋江人施至成一手建造和经营。

最闽南的远行

来到菲律宾首都马尼拉，一定要去王彬街走一走。王彬街又称"唐人街"，位于马尼拉市区著名的中国城内，是马尼拉的商业中心之一，为纪念福建籍富商王彬而命名。沿着王彬街一路走来，肉粽、花生糖、花生汤、面线糊等闽南特色小吃沿街展开，红砖燕尾脊的闽南庙宇镇池宫佛真寺、观音庙等藏身其间。王彬街上还有一间新观音素食斋，提供各种蔬菜炒面、面条炒菜，为素食者津津乐道。

在菲律宾，总是能在不经意间邂逅闽南元素，总能看到从事商业活动的闽南人的身影。追溯历史，明代隆庆、万历年间，随着马尼拉—阿卡普尔科大帆船贸易蓬勃发展，每年从漳州月港赴菲律宾的闽南商人多达数千。

清代尤其鸦片战争后，厦门开辟通商口岸，大批泉州、厦门、漳州人从厦门港去往东南亚包括菲律宾谋生、发展。抗日战争胜利后，又有一些新移民出洋。厦门《星光日报》记载，1947 至 1948 年由厦门出入国境的福建华侨有 480 人，其中就有 188 人前往吕宋。

当时随船到菲律宾贸易的福建海商，在菲律宾被称为“Sangley”或“厦郎”。“‘Sangley’一词是厦门方言‘生理’的音译，意思是‘贸易’，这是以他们的身份来命名；而‘厦郎’一词则是说他们来自厦门，是以他们的籍贯来命名。”据厦门大学南洋研究院教授、博士生导师李金明考证，在饮食方面，据说面包和烤面包技术是由闽南人引进菲律宾的，在菲律宾语中有关面包一类的词汇（如 tinapay 或 cognatesthereof）都是源自福建方言。有些闽南风味的小吃，如面线（misua）、润饼（lumpia）、烧包（siopao）、薄饼（hopia）等等，都是由闽南人传到菲律宾，深受菲律宾人的喜爱。

“我们家的传统是，每个人过生日时一定准备一道闽南的炒米粉。”王辉是菲律宾第三代华人，她的先生黄明顶系菲律宾侨领、世界黄氏总商会首任会长，祖籍福建。王辉注意到，在有些华人家庭，第三代华人因为和祖父母一起长大，因此能够掌握闽南语，闽南语仍然是传统华人社团的主要交流语言，但不少新生代已逐渐趋于同化，日常习惯用英语交流，比如她的大女儿黄彦珩。一直以来，王辉家里一直很重视孩子们的中文教育，读大学时，她选择回到中国学习语言，而今大女儿也做出了同样的选择，目前是北京师范大学语言文学专业的一名学生。

菲律宾是亚洲“唯一的天主教国家”，是亚洲最为西化的国家。在信仰方面，华人主要信仰天主教，不过受老一辈影响，不少人从教堂出来后也会进寺庙。菲律宾的佛教主要分布在马尼拉、宿务、三宝颜等地，寺庙里的内外门联以及各种说明绝大部分用中文书写，在传播中华文化的道路上，发挥着桥梁纽带作用。

菲律宾素食餐厅里的素肉燥等菜品　图 / Cosmic

素食文化抬头

菲律宾当地的饮食习惯偏向肉食类，烹调方式多半以烤为主，纵使是一道蔬菜，也都杂有肉在其中。作为一名素食主义者，王辉直言在菲律宾要吃素并不容易，选择性很少，最常见到的菜是生菜沙拉。平日里，王辉喜欢吃木薯，还特意在自家开辟一块空地种植木薯，类似山药，去皮，切成一段一段，蒸着吃就很美味。菲律宾菜肴的特色就是甜、酸、咸口味的大胆组合，菲律宾有一道鱼酱蔬菜，用鱼酱伴以秋葵、茄子、苦瓜、南瓜、番茄等蔬菜制作而成，由于价格低廉而备受欢迎。对素食者而言，除非是吃海鲜素的，不然只好请店家不要放鱼酱。

菲律宾是个热带岛国，一件 T 恤衫、一条短裤、一双拖鞋就可以过完

菲律宾属季风型热带雨林气候，盛产水果　图 / 视觉中国

素食者的零食——水果干　图 / 视觉中国

一年四季。由于地处热带，你可能会认为水果和蔬菜是他们美食的重要组成部分，但这里素食方面的资源很少。为何菲律宾不流行吃素？“菲律宾粮食依靠进口，在这里，米、菜比肉还贵。”王辉感慨，作为一个发展中国家，许多人处于贫困线下，有机蔬菜、菌类价格不菲，当一个人的物质基础都成问题时，自然谈不上吃素，毕竟吃素不是简单的青菜豆腐。

高温多雨、湿度大的气候环境，使得这里的水果多汁、甜腻。对素食者而言，这是一个福音，至少水果可以吃到饱。在烹饪中，菲律宾人经常使用多种水果，选项也很多：香蕉、菠萝、波罗蜜、椰子、芒果、山竹、西瓜、红毛丹、酸甜果、金星果等。在这里，你能看见各种水果干，菲律宾人把能脱水的水果都制成水果干。一些素食者在做饭、煮菜时，喜欢用水果干来替代砂糖，不仅增加了菜所需要的甜度和口感，也更健康。吃面包时，也可以用水果干替代果酱。

因为工作的关系，王辉经常往返厦门与菲律宾，在这里，品尝到不少美味的素食，厦门本土素食餐厅无味舒食给她留下深刻印象，食素、品茗、闻香、听琴，“让食物做回自己”的理念，深受王辉喜爱。她希望疫情结束后，有机会与无味舒食合作——到菲律宾开设分店，让菲律宾人在充满禅意的素菜馆里，用心品味素食之味。

王辉不是第一个被厦门素食所倾倒的人。菲律宾第 12 任总统菲德尔·瓦尔德斯·拉莫斯曾造访过南普陀寺素菜馆，品尝素宴后，给出了很高的评价：“我是第一次吃到这么有特色的宴席，没有任何荤食，就连旁边的装饰也没有鸟或鱼一类的动物造型，这样一桌素菜，让我感受到了中国的魅力。”菲律宾前副总统诺利·德卡斯特罗亦为南普陀素菜所折服，欣然题词：“THANK YOU！ GREAT VEGETARIAN FOOD！”（感谢你们！一流的素食！）

近年来，菲律宾素食文化抬头，华人聚集的马尼拉曾举办素食节。希望在不远的将来，菲律宾可以成为素食者的天堂。

自带闽南语的南洋话

文 / 刘舒萍

有史料证明，闽南人走向世界的历史起码可以追溯到唐末，其中，较大批的移民迁出是在明清时期，闽南方言也随着他们的足迹漂洋过海，流播到南洋地区，包括今天的菲律宾、印度尼西亚、马来西亚、新加坡、文莱、缅甸、泰国等地，成为华侨华人家庭中的日常用语。一些闽籍华侨保留了许多福建民谣，如马尼拉流行的《十二生肖歌》：蜀鼠，二牛，三虎，四兔，五龙，六蛇，七马，八鸡，九狗，十羊，十一猴，十二猪。

长期生活在侨居地的闽南籍移民在跟当地民众生活的过程中，彼此的语言与文化，不可避免地会相互影响与交融。这种影响与交融表现在侨居地吸收了一些闽南方言借词作为自己语言的组成部分。

马来西亚、新加坡、文莱、印度尼西亚等地同属印尼—马来语系。早期来到印尼—马来亚的华人大多是做苦力的低层劳动者，后来艰苦创业逐渐富了起来。因此，印尼—马来语系中的闽南方言借词大都与食品有关，这也从另一个侧面佐证闽南人在印尼、马来亚等地是主要在食品服务业“打拼”闯天下的。例如：bakcang（肉粽）、dahu（豆腐）、misoa（面线，即线面）、mando（馒头）、kue（糕点）、chaipo（菜脯）、pecai（白菜）、lobak（萝卜）、tangue（冬瓜）、laici（荔枝）、lengkeng（龙眼）、teh（茶）、kopikao(浓咖啡)、ciu（酒）、aci（瓜子）等。生活口头用语有：angpau(红包、压岁钱)、bisae(不行，不可以)、bohwat(无法)等。

根据杨贵谊、陈妙华编《马来语大词典》（1972年香港出版）一书统计，马来语中的闽南语的借词有三百个左右，但实际上却超出这个数字，这是因为闽南语借词涉及人们日常生活中的许多方面，早已融化在马来语中，以至马来人也感觉不出它们是外来语。

把大批农作物（如白菜、芥菜、豌豆、桃、李、梨、抽、枇杷等）引种入菲律宾，是闽南华侨对菲律宾的一个重要贡献。这在语言上也有反映，菲律宾的他加禄语中许多蔬菜名称，就是以闽南方言拼音的，如 pechay（白菜）、saytaw(菜 豆)、kiatsay(芹 菜)、kutsay(韭 菜)、tangosay(茼蒿菜)，说明了闽南华侨在农业技术传播方面的历史贡献。

他加禄语是菲律宾的官方语言之一，他加禄语中有许多词汇来自闽南方言的借词，关于食物的闽南方言借词比比皆是，例如：syopaw（烧包）、bihun（米粉）、tanhen(冬粉)、miswa（面线）、caipo（菜脯，即萝卜干）、siomai（烧卖）、tokwa（豆干）、tauhu(豆腐)、tauyu(豆油、酱油)、hebi（虾米）、pansit（扁食）等。一些节庆的特殊食品如 lumpia（润饼）、tikoy（甜馃）、ukoy（乌糕）、bigo（米糕）也都进入了他加禄语的词汇里，为广大菲律宾人所熟知。

菲律宾大学语言学家马努厄尔在《他加禄语中的汉语成分》一书中，列举了 381 个来源于汉语（主要是闽南语）。厦门大学南洋研究所教授林金枝认为，他加禄语之所以会大量地借用闽南方言，主要是在闽南人移居菲律宾的同时，也随身携带许多日常用品和食物到移居地。这些东西在菲律宾是不曾有的，所以也就没有反映这些事物的相关词语。于是，当地人民便借用闽南方言对这些东西的称呼加以流传和使用，约定俗成，便成为当地的语言。在长期的中菲语言接触与文化互动中，大量的闽南话词语以音译方式被吸收进菲律宾本土语言中，成为菲律宾本土语言中的汉语借词，丰富了菲律宾本土语言的词汇体系。

词汇是语言中最活跃的元素，与社会生活最密切，历史证明，任何一种语言接受其他语言影响的情况，都与这种语言的民族与外族接触的历史相呼应。东南亚国家语言与闽南语词汇互借现象，让食物成了一种沟通的高级语言。到东南亚国家吃饭，翻看菜单时，记得留心那隐藏在嘴边的食物语言。舌尖上的食物语言，看似简单，其背后大有学问，这种食物的语言帮助我们理解文明之间的联系，以及全球化这件事。

故乡的泥土

从南洋到华侨农场，食物见证了华侨的迁徙与归来。无论食材、做法如何应时、应地、应人而变，最令人念念不忘的，依然是那口家乡味。

我素我行

图 / 王柏峰

如何与曾经的故乡、家族迁徙的侨居地建立起联系？对那些生活在厦门、泉州、漳州三地华侨农场的归侨及其后代而言，食物就是很好的媒介。他们不仅在各自生活的农场里制作、品尝祖辈从南洋带回的料理，还在相互探访交流的过程中，了解老一代华侨在南洋拼搏的故事以及他们对故乡共同的思念，由此，新一代的归侨及后代才能肯定：自己与家族曾经生活过的那些土地之间确实存在真实的联结。

俯瞰位于漳州双第华侨农场的蜗牛村　图/胡智勤

在希望的田野上

文 / 郑雯馨

“季风吹拂的土地”是古代航海家对东南亚的称呼，因为温和稳定的季风总能如期将他们带到了这片横穿赤道的地域，满载生长于东南亚各岛屿的香料而归。在中国，人们更习惯称其为“南洋”——这是一个包含着复杂情感的名字，很早以前中国东南沿海一带就有无数人穿过这片蓝色海洋，抵达东南亚的各个岛屿上谋生，有些人衣锦还乡，在家乡盖起富丽堂皇的侨楼，有些人在侨居地已经繁衍数代。此后由于时局变化，大批归侨选择回国，他们大多数被安置到广东、福建、海南等地的华侨农场，从头开始建造新家园。

难忘咖啡香

“从车上下来，一看到农场，有人眼泪就掉下来了。”这是许多至今依然生活在闽南各华侨农场的老归侨，回忆起最初看到华侨农场的场景。20 世纪 60 年代，由于东南亚一些国家采取一系列限制、排斥、打击华侨的政策，许多在东南亚的华侨生存与发展都受到威胁。为此，中国从 1960 年起便陆续安排接待归国华侨，并在全国各地兴建华侨农场来安置归侨。其中福建从 1953 年起至 20 世纪 70 年代末共创办了 17 个华侨农场，分布在龙岩以外的八个市，是安置归侨最多的省份之一。

刘德霖出生于印尼锡江，1961 年到竹坝华侨农场，在他印象中，“那时这里还是荒山野岭呢，连房屋都还没建好。说实在话，当时我们真想不到是这样的情况，但我们也不叫苦，到后一个星期就开始下田了。”当时归侨被分配到不同的生产队开展农业生产，开荒初期的辛苦可想而知，加上当时生活物资有限，许多原本在印尼常见的食材、香料变成可望而不可即之物，长久以来养成的饮食习惯，随环境慢慢改变。可有一些味道是难以忘怀的，比如咖啡香。

在“千岛之国”印度尼西亚，咖啡种植几乎遍布各岛屿，咖啡是印尼人日常生活中不可或缺的饮品，当地的咖啡文化也影响了在印尼的华侨。在许多归侨记忆中，从前他们祖辈在印尼，早餐常常是咖啡配面包，还有一种华人特有的吃法：掰一小块油条，蘸一蘸咖啡再吃，然后小啜一口咖啡。这种吃法还被华侨带回了祖国，就曾有华侨后代打趣道：“要是你看到有老人家咖啡配油条，不用太怀疑，他很可能就是老华侨。”

农场生活初期的辛苦，令归侨愈加想念咖啡的滋味。于是他们想尽办法寻找替代物，有人将有些受潮的黄豆收集起来，用一小块铁片垫着，架在炭火上烘烤；有人选的是大米，将其下锅炒至焦黑。无论是烤焦的黄豆还是炒焦的大米，都需要磨成粉才能冲泡，这样泡出来的“咖啡”，味道自然是焦苦的，但也算稍稍缓解了“咖啡瘾”。之后不少华侨农场里开始种植咖啡树，出生在归侨家庭的孩子自然也习惯了咖啡的味道，在泉州双阳华侨农场长大的林兴运曾在泉州一家咖啡馆喝到名为“黄豆”的拼配咖啡，“当时我就想起外婆跟我说过的故事，一问老板，原来他也知道，所以才尝试着加一点黄豆，做出来的这款咖啡就有焦香的黄豆味。”

除了饮品，归侨还尝试将咖啡与其他食材搭配，譬如做一道多彩的椰蓉木薯糍，在深黑色的浅口碗内，黑色、绿色、粉色的木薯糍，撒上白色的椰蓉，看起来就很诱人。绿色来自香兰叶汁、粉色是玫瑰糖浆，黑色则源自咖啡和可可，几块尝起来香甜可口的椰蓉木薯糍，搭配一杯印尼咖啡，老归侨们就能悠闲地度过一个午后。

一抹希望的绿

倘若说咖啡寄托了归侨们对曾经侨居地的回忆，那么茶就像他们在“新乡”生活的一抹希望的绿。1960 年，原先位于永春的北崆华侨农场与永春茶场合并，改名为国营福建省永春北硿华侨茶果场，是当时福建四大国有茶厂之一。茶季时驱车前往这个六十多年历史的老茶场，在盘山路上，远远就能见到漫山遍野的梯田茶园，这里以乌龙茶为主，其中主要品种是水仙、佛手、肉桂，还有少量的金观音、丹桂及矮脚乌龙。

其实早在1911年，就有华侨回乡创办了北硿华侨垦殖公司。1917年，旅居马来西亚的华侨李辉芳、郑文炳等23人集资创办了永春华兴种植实业股份有限公司，他们还在北崆一带的虎巷山中种下了7万株水仙、佛手茶。北崆地区的气候、土壤尤为适宜种植茶树、果树，因此当新一批归侨定居于此，这里的茶园成为他们安身立业的新栖息地。

北硿华侨茶厂厂长黄志英的母亲是印尼归侨，她和其他一同来到北崆华侨农场的归侨都曾在茶厂工作，在老一辈人记忆中，当时茶场内有5000多亩茶园，每逢采茶季，成群的采茶女就背着竹篓去茶园，有时候需要爬上树才能采得到；新鲜的茶叶被送到茶厂里，还有许多茶工负责制茶，机器的轰鸣声伴随着阵阵茶香，这是在农场长大的归侨子女童年时，最熟悉的声音与气味，“我们这些归侨子女都是闻着茶香长大的，从小就在茶堆里打滚。”黄志英笑着说道。20世纪90年代末，由于市场需求转变，加上制茶生产引入机械化，北崆华侨茶厂不复当年的繁盛，现如今茶厂正积极探索其他的合作渠道，希望能令老茶厂重新焕发生机。

在20世纪90年代以前，北崆华侨农场里的永春佛手茶几乎都用于出口，用佛手可制作蜜茶、盐茶，既是清凉解毒的饮品，也能治疗痢疾、高血压等病症，因此广受海内外华侨欢迎。还有一种古书上记载的柚米茶，做法是：选一成熟柚子，沿果蒂下3厘米处切开，剥出泡囊后，加入佛手茶拌匀装入柚腹，摇实加盖，切口处用线缝合，将其晒干或烘干后收藏备用。农场的归侨时常将这种柚米茶作为礼品，远寄给海外的亲人，成为连接两地亲缘的见证。

华侨农场史迹馆的老物件定格归侨记忆　图 / 林良标

我素

漂泊与归宿

若以物来形容，华侨就像船，总是在不断地漂泊中寻找理想的家园。为此他们远渡重洋、在不同的侨居地拼搏置业，20 世纪六七十年代，东南亚华侨选择回归祖国，亦是为了谋求更好的发展，当他们在全国各处华侨农场开启新生活。步入新时代，不少归侨后代重新与海外的亲人建立联系，有些人选择往东南亚、欧洲、北美等地区定居，还有些人前往香港、澳门、台湾等地寻找亲人。

当然也有离开多年后再次回到农场的归侨，他们同时带回不同地方的饮食文化。财哥是归侨后代，他在香港、新加坡都生活过一段时间，最后决定回到泉州，并在双阳农场里开了一家名为“摩摩喳喳”的甜品店，“摩摩喳喳”是马来西亚、新加坡一带广受欢迎的甜品，食材包括芋圆、斑斓叶、煎蕊、海底椰、亚达子、椰浆等，简单做法是将食材分别煮熟后，倒入碗中混合即可，若是盛夏，还可将其冰镇后食用。每当好奇的客人询问店名，他总会聊起归侨的故事，先辈曾经的甘苦，通过这一碗清爽可口的摩摩喳喳，被更多人所知。

能够讲述华侨农场及归侨往事的，除了人，还有其他沉默的讲述者。在同安竹坝华侨农场，在一些民居前总能见到一排平平无奇的绿植，青灰色、细长的枝干，舒展着碧绿色的细叶，当地人向我们介绍道：“这种菜就叫篱笆菜，是当年归侨从印尼带回来种的。”归侨们往往会择下树顶端最鲜嫩的叶片，洗干净后清炒或煮汤，在印尼的华侨家庭中，篱笆菜是很常见的一道菜，而且只有夏天才吃得到，因为冬天是不长的。

篱笆菜是一种生命力顽强的树，只要有一段树枝，插进土里就很容易成活。一如华侨，正是因为具有这样坚韧的品质，无论面朝的是哪一处的土地，他们都能一次次在不同的土地上拼搏，建起属于自己的家。恰如一道食物流传到不同地方后，口味、做法总会因人而异，但是最核心的部分总是相同的，因此在华侨生活的地方，总能发现许多相似的菜肴，而不变的那个东西，给漂泊的华侨带来安心与慰藉。

素食之姜黄饭

即使华侨农场日新月异，只要来到归侨家的餐桌前，从来自东南亚的香料、蔬果就能明白，他们依然继承着祖辈的“财富”，在农场创建初期，这些味道是一种慰藉，随着农场不断发展，这些味道成了他们的名片，以及新生活的幸福点缀。

厦门·竹坝华侨农场：

一餐思乡饭，家传的南洋味

文 / 郑雯馨　图 / 潘丽云

对竹坝华侨农场的种种猜测与想象，随着我们的车驶入那座模仿新加坡鱼尾狮像造型的大门后，如同泉眼处的气泡不断地涌现。如果说道路两旁高大的棕榈树、标志性的东南亚风格建筑、居民楼外墙上的彩绘所展现的是最直白的异国风情；那么散落在房前屋后的小菜园、香蕉林、波罗蜜、咖啡树，甚至路旁看似平平无奇的杂草，则暗示着这里同东南亚的密切联系。

印尼的"黄金香料"

若以颜色比喻，竹坝华侨农场的主色调应是灿烂的黄色。每逢盛夏，这里总是厦门“最阳光灿烂”的地方，不过对这里的印尼归侨来说，竹坝气象站监测到的高温，相较于赤道线上的印度尼西亚的各个群岛还是小巫见大巫了。刘瑞金出生在竹坝华侨农场，她的爷爷和爸爸在 1961 年乘坐“俄罗斯号”邮轮从印度尼西亚的望加锡回国后，被安排在竹坝华侨农场定居，如今刘瑞金在农场经营一间巴厘岛美食馆，菜单既有印尼菜也有特色南洋糕点。

在刘瑞金印象中，印度尼西亚盛产丰富多样的热带水果，榴莲、波罗蜜、香蕉、芒果、火龙果……都是如同灿烂阳光的色彩；还有种类繁多的香料，丁香、肉豆蔻、肉桂、胡椒……其中最醒目的一抹黄，正是黄姜。

在印度尼西亚，有这么一句广为流传的谚语：变黄因黄姜，变黑因黑炭。所指的是黄姜本身的姜黄素在酸性环境下呈黄色，能够用于上色。这种其貌不扬的姜科植物在印尼饮食中扮演着重要的角色，不仅是调味的香料，还用于炖菜、煮饭及饮品，更是制作印尼咖喱的主要原料之一，自然也常出现在印尼华人家庭的餐桌上，后来又随着回国的归侨被带到闽南。

阳春三月，刘瑞金的父亲和几位老归侨坐在门前，专心致志地清理刚从地里挖出的黄姜根茎，他穿着峇峇传统的衬衫，只在外面套上一件羽绒服，清理完毕后他起身笑了笑，看来很满意这次的收获，这些黄姜大约巴掌大小，被存放在一个个泡沫箱中。要制成香料，首先需将其煮沸，一为定色，一为去除淀粉，之后日晒干燥，将黄姜削成块状后磨成细粉。这些亲手耕种及制作的黄姜粉，就是刘家人最常用的调料。

厨房里，刘瑞金的妈妈正在做一道姜黄饭，“我妈妈一家是缅甸的华侨，当年跟我爸爸坐同一艘船回国，又被分到同一个农场。一开始她不会做印尼菜，是后来我们回印尼探亲，我姑姑手把手教会她的。”刘瑞金对我们介绍道。传统的印尼姜黄饭需要准备椰浆、香茅、月桂叶、盐及黄姜粉加水搅拌后的黄姜水，将这些食材倒入锅中搅拌煮至沸腾，再将洗净后的大米入锅同煮，煮至半熟后将米饭放入蒸笼直到完全熟。不过刘妈妈做的，是一份“入乡随俗”的姜黄饭：一小撮花生堆叠在这座热腾腾、金灿灿的米饭山的顶端，其间点缀着无数胡萝卜粒与青葱，还有浅棕色的葱头油随意飘落四周。这些新加入的食材为这道源自印尼的菜肴增添了闽南的风味，而且二者融合得尤为自然，食物会随着

竹坝华侨农场内的素食小吃

各地风情齐聚交汇，这个地方就像个小“联合国”。图为农场走廊和居民楼建筑外景

人的迁徙而有所转变，深谙因地制宜的生存之道的华侨，自然也将这种智慧发挥在饮食烹饪中，形成了独特的华侨印记。

厨房里的传承

在中国传统家庭中，厨艺往往在婆媳、姑嫂及母女之间传承延续，归侨家庭亦如是，厨房里的蒸、煮、炒、炸，牵动的不仅是归侨们的味蕾，还有他们对往昔生活的记忆。从越南河内回国的归侨黄阿姨，在退休后和丈夫一同经营一家越南餐厅，越南菜的特点是菜多清淡少油，这符合当下追求健康饮食的人群，黄阿姨也经常琢磨挑选哪些食材以及如何搭配。其中客人最喜欢的越南美食是米纸卷，通常的做法是将烤

肉、米粉、花生碎、虾仁、生菜，用透明米纸卷一包即可，若是素食者，即便将其中的荤食剔出，一口咬下，依然能尝到满嘴的清新爽口。

即便是同样来自印尼的归侨，不同家庭制作的咖喱酱也不尽相同，厦门岛内外一些寺庙的师傅也喜欢咖喱，他们到农场里的巴厘岛美食馆就餐时，老板会考虑加入椰汁、菠萝的比例，这样的素咖喱饭很受师傅们的欢迎，他们也会买些素咖喱酱或黄姜粉回去自炊，用于煮饭、炒菜皆宜。

在印度、东南亚国家及中国，黄姜都被视为药食两用的食材。中国医药典籍《本草纲目》中也提到黄姜，称为“宝鼎香”，因其特异的香气，黄姜还具有活血行气 、驱寒消炎、痛经止痛的功效，由于黄姜本身的功效，近年来也开始受到素食者的青睐，还有一款提神醒脑的饮品，是将黄姜粉同酸角果汁混合而成，热饮、冷饮皆可。食材之一的酸角树全身是宝，可以用来做船，它的果实很酸，做汤的话可以跟木瓜搭配，中和一下味道，而在印尼的华侨还用它代替醋调味。

饮食上，多数印尼华侨偏爱油炸类食物，因此他们往往会搭配一碗木瓜酸角汤，起到降火的作用，这种习惯在竹坝华侨农场的归侨家庭中依然被保留了下来。茶色的汤上浮着淡黄的木瓜果肉和红色的酸角果，舀一勺入口，清爽的果酸味顿时充盈了口腔。对许多老归侨而言，这种带着记忆点的酸味则贯穿了他们那一代人的人生。

食物的年轮

记录时间的方式有很多种，譬如树干上那一圈圈的年轮。对竹坝华侨农场里的一些老归侨而言，农场里的果树就是他们的“年轮”——它们是老一辈归侨从印度尼西亚、越南等东南亚国家带回的树种，其中最开始的“轮纹”大约出现在1960年。

原竹坝华侨农场场长蔡金堆记忆犹新的，是最初归侨们辛苦耕种的往事，“建场初期，试种了很多经济作物，长线种橡胶树，短线种些凤梨、波罗蜜、香蕉、剑麻等，但都不成样子。”在往后的岁月里，归侨不断尝试改良，如今走在竹坝华侨农场里，随处可见各种品种的香蕉树，还有硕大的波罗蜜、看起来诱人的芒果树，许多时下流行的热带水果，早就在农场里开花结果，并渐渐在厦门不同地方引种培育，丰富了在地的饮食。看到我们端详着一颗芒果树，一旁正在菜园摘菜的阿姨说了句，“这棵树是我跟先生回国时种的，我们是1978年从越南回来的。”她腼腆地笑了笑，举着自己刚摘的一把枸杞叶，说：“这个用来炒菜很好吃，还有你后面的香蕉，我们以前都会炸香蕉花，很好吃哦。”

从1960到1961年，竹坝华侨农场先后接待及安置了三批印尼归侨，在《竹坝沧桑：同安竹坝华侨农场归侨口述历史资料》一书中，老华侨提起这一段归国路，仿佛还在昨日：1948年出生于印度尼西亚邦加的罗新妹，1960 年同父母回国后被安置在竹坝华侨农场，据她回忆，“1958 年，排华事件的消息不断从椰城（雅加达）传来，虽然在邦加没有排华现象，但人们议论多了，内心也很不安定。这时，人们在传阅不知从哪来的中国的《人民画报》，上面的图片太漂亮了，大家围在一起讨论的就是祖国好，一心都想回到祖国。” 轮船终于停靠在广州的码头，归侨以抽签的方式决定被安置的农场，在农场里，大家被分配到不同生产队，开始了辛苦的开荒，也开始了新生活。

《中国华侨农场史》一书记载：1960 至 1982 年，计划经济体制时期的竹坝华侨农场俨然是一个自给自足的小社会；1982 至 1997 年，从计划经济体制向社会主义市场经济体制转型期的竹坝华侨农场响应号召大面积种植龙眼树，一度为当地带来了客观的收入。

2003 年厦门市政府提出建设竹坝旅游区的构想，2006 年 2 月又将竹坝列为厦门市发展乡村游的试点单位之一，并提出了“以南洋特色为主题”，不少归侨二代开始通过南洋的饮食、服饰及风俗向外界介绍竹坝华侨农场，如今刘瑞金一家依然住在竹坝，晴好的午后，她的父母和其他老华侨会聚在家门前，喝着印尼咖啡，吃着印尼糕点，晒着太阳闲聊往事。刘瑞金对各种印尼糕点早已闲手拈来，在她的糕点铺里，千层糕、九层糕、蛋卷以及造型可爱的梅花格等点心数不胜数，至于她的双胞胎儿子对人生的规划，应该是在农场长大的归侨三代的一个缩影：大儿子刘而松留在了竹坝，准备继承母亲的事业；小儿子刘而刚则前往武汉，立志成为一名体育老师。

无论他们是留下还是离开，来自故乡的食物会不断唤起他们的回忆。恰如黄姜那醒目的黄色，能将其他的食材染色，华侨也有一种执拗，在他们所停留的地方都烙下深刻的印记，这种印记是语言、文字、信仰以及最朴素的一日三餐，让他们记住自己从何而来，又曾去往何处。纵使家散落在世界的许多角落，食物能成为一条线，将那些处于遥远角落的亲人再次联系起来。

随着归侨的第四代降生，农场也度过了六十载岁月，将来他们所见的一定是全然崭新的生活圈，不过祖父母做的菜会为他们留下味觉的地图，将来他们会凭此踏上寻访乡愁的路途。

李惠英（右）与朋友一起享用印尼菜加多加多　图 / 谢明飞

泉州·雪峰华侨农场：

遇见风土与时间雕琢的美味

文 / 郑雯馨

南安杨梅山上建有不少庙宇，其中最负盛名的是始建于唐代的千年古刹雪峰寺、慧泉寺，雪峰华侨农场就坐落于距雪峰寺仅两千米的地方。如今礼佛的信众可以穿过农场，径直前往这两座寺庙，然而早在1960年以前，这里原是归侨李春禧所创办的雪峰茶场，四周群山连绵。1960年，为了安置回国的归侨，当地政府将雪峰茶场及周围五座山头及附近的山坡地改建为华侨农场，归侨得以在雪峰华侨农场开始新生活，无论时代如何变化，对他们而言，在这个新家园里，能够同亲人聚在一起，品尝一口熟悉的味道，便是最幸福的事。

加多加多，多元融合

1960年9月，一艘名为“古农查帝”的轮船停靠在广东的港口，船上是从印尼回国的一众归侨，他们在三元里停留数天后，分别前往当时新建的各华侨农场。那时候，才7岁的李惠英跟着父母辗转来到了泉州雪峰华侨农场，如今她已经69岁，虽然关于父母亲那一辈的回忆大多已经模糊，但一提起母亲曾经拿手的印尼菜，她便开始滔滔不绝地介绍起来，“我妈妈很会煮印尼菜，她特别懂得用黄姜、蒜头、胡椒等香料调配不同的酱料，再用这些酱料来做菜。”

李惠英从小就跟在母亲身边学做印尼菜，自己练就了一手好厨艺。据她介绍，印尼菜中有一道“加多加多”，印尼语意为“啃食没有米饭的小菜”，还有“混合、将不同性质的东西融为一体”的含义。这道菜在印尼许多餐馆都有供应，甚至在路边小摊上也能吃到。加多加多类似印尼版沙拉，但它的地位则是一道主菜，食材可选用各类应季时蔬，而用于凉拌的酱汁，主要由花生、椰浆、酸子、柠檬叶、蒜头等混合调配而成。

李惠英母亲所做的加多加多，是将豆芽、黄瓜、包心菜、长豆、马铃薯滚水煮熟，另外将豆腐下锅油炸，同时将酸柑叶和柠檬叶加入花生酱中煮沸，用调配好的花生酱淋在上述食材上，搅拌后即可食用。这道味道浓郁的凉拌菜，一年四季都常出现在李惠英家的餐桌上，孩子们喜欢当作沙拉直接使用，或是作为米饭的配菜，或是搭配用蕉叶包裹的米糕一同食用。

初到农场生活之时，当地很难找到印尼的香料，因此不少归侨家庭里就出现“简化版”的印尼料理，譬如缺少酸柑叶和柠檬叶的花生酱，做出来的加多加多更贴近闽南风味。随着经济条件进一步提高，不少归侨侨眷在家附近规划出一片小菜园，她们也有更多精力去种植一些常食用的香料，熟悉的味道再度回到餐桌上；而归侨后代也走出农场，到他们长辈曾经生活过的侨居地或是新的栖息地里，寻找最地道的食材及做法，在这一过程中，他们再度连接起家族的过去与现在。

在李惠英印象中，小时候家中做菜常用的椰浆，很多都是从海外或迁居澳门的亲人那里寄回来的，一瓶瓶罐装的椰浆，既是加多加多的重要调料，还能用来制作椰浆饭、椰浆香蕉米粿，也是咖喱中的主要配料之一。1993 年她离开农场到澳门工作，之后又定居广东，直到 2021 年底回到雪峰华侨农场，“因为儿子也回到农场了，我就回去帮忙带孙子。”

越南卷粉，回忆之味

在雪峰华侨农场，还藏着不少老归侨味道的东南亚美食，有些只有在特定的时间才能遇到，每天早晨 7 点，越南归侨项广妹的早餐店前总是排满了人，等待着购买新鲜出炉的越南卷粉。1978 年，由于越南

建场初期，印尼归侨在劳动休息时跳起欢快的印尼舞　图 / 谢明飞翻拍

航拍雪峰华侨农场　图 / 谢明飞

发生了排华事件，大批华侨难民涌到云南、广西两省的边境地区，为此中国政府设了不少安置基地以接待这批归侨。当时安置在雪峰华侨农场的越南归侨共 67 户 308 人，除了提供住宿外，他们被安排到不同的农业生产队，不久便逐渐安定了下来。

越南归侨还给农场带来了越南特色的饮食，尤其因为历史悠久的佛教文化，素食在越南的饮食中也有一席之地，如绿豆馅的越南饺子、焖香菇、油菜豆腐煮姜。还有一些对荤食进行转化的素食料理，如越南料理中常用的配料鱼露，原本是用鱼类发酵制成，而素鱼露的原料可以采用甘蔗汁、冰糖、柠檬、百香果等按一定比例调和，做出来的素鱼露充满浓郁的果香和果酸，同样能用来拌菜或拌河粉，一样清爽开胃。

越南日常饮食中，也能见到素食的身影，卷粉就是越南当地一种平民小吃，而项广妹延续的是当年老一辈越南归侨的传统做法：首先是制作卷皮，将大米浸泡后磨成米浆，接着要将米浆蒸熟；老归侨一般不用金属器具去蒸，而是用一个篾青织就的簸箕，先在底部涂上薄薄的一层油，然后舀进一勺米浆，缓缓地晃动簸箕，让里面的米浆均匀分布，接着放入热锅内，不一会儿就呈现薄薄的圆形粉片，紧接着迅速用竹片将粉片捞起，趁热将调制好的配料铺在粉片上，然后卷成粉筒状。

越南卷粉外形如同广州的肠粉，半透明的卷皮，深色的内馅若隐若现，刚出炉的卷粉散发着米的清香。一份越南卷粉，搭配一小碗蘸料，就是当地人的早餐搭配。传统越南卷粉也有不同的分类，在越南河内最著名的是清池卷粉，当地人就是用竹编的簸箕蒸制，清池卷粉没有包馅，人们有时会搭配煎豆腐一起吃。小贩常常头顶着一个装满卷粉的篮子走街吆喝，遇到客人就把篮子放下，一条条夹起递给客人。当越南归侨回国后，他们自然也会根据在地食材进行改良，在华侨农场里形成了一种“老华侨味”的卷粉，这样一小碟卷粉，总能勾起老归侨们曾经在异国他乡辛苦打拼的回忆，久而久之化作一份解不开的乡愁。

印尼糕点,过去与现在

除了一日三餐，琳琅满目的东南亚糕点于归侨而言，是一种独一无二的身份认同。同李惠英一样，今年70岁的马金星也是印尼归侨，一提起他，农场的人的印象便是，“会做好多印尼糕点的老爷爷”，尤其是逢年过节，他的印尼糕点更是供不应求。

尽管已是古稀之年，一旦开始做印尼糕点，马金星总是精力充沛，动作流畅连贯，一气呵成。只见他熟练地摆上厨具，小小的灶头上，摆着一个圆形铁锅，特别的是锅内有九个凹孔，有点像是制作章鱼小丸子的用具。只见他将加工好的大米浆、椰汁粉、白糖及盐巴混合在一起飞速搅拌，接着用大汤勺舀起乳白色的米糊，依次浇满锅内的凹孔；锅下的火焰不断加热米糊，很快就会蒸熟，只见马金星迅速拿起一旁用果酱及香兰叶调制的浆汁，依次浇在米糊上，乳白色的米糊上，待米糊凝固成形，用竹片将其挖起，一块块粉、绿、白交映的印尼裂糕就完成了。

马金星一直坚持为大家制作各式印尼风味小吃。继承这种味道的除了归侨后代，还有归侨家庭里的新成员，马金星的弟媳苏桂芬嫁到雪峰华侨农场后，从公公婆婆那学会了印尼菜。

除了重要节庆、祭拜时做成宝塔形状的黄姜饭之外，还有一种名为索托的汤食，印尼各地区的索托做法不一，巴东索托的汤底所用原料有醋、酸橙、柠檬叶、柠檬草茎、姜和葱，棉兰索托的汤底是黄色椰浆，配菜主要是薯条、水煮蛋、豆芽等；苏桂芬所做的索托，除了添加豆芽、马铃薯外，还会加入自家种的香茅草，为这道汤增添清爽的口感。每当一家人聚在餐桌上，分享那些印尼菜时，苏桂芬也渐渐了解了许多印尼饮食文化，从印尼过往的故事到如今在雪峰创造了新家园，那些来自异国他乡的美食，不仅是他们的回忆，更点缀了如今的多彩生活。

对于祖辈留下来的饮食传统，在双阳华侨农场里生活的归侨及后代，用不同的方式进行传承：年长者坚持复刻最初的味道，从食材、配方及应用场合；年轻人则致力于将当地食材与传统做法相结合，做出更符合新一代归侨后代口味的新派料理。

食物寄乡愁　图／林良标

泉州·双阳华侨农场：

“印尼风”的闽南味道

文 / 郑雯馨

砖砌的大拱门伫立在那里，正中处是几个红色大字“国营双阳华侨农场”，上方镶着一颗闪闪红星，尤为显目。对我们这样的外来者而言，跨入这道门，眼前所见的是一个生机盎然的农场，不过对生活于此的归侨及其后代而言，大拱门更像是时光隧道的入口，当他们穿过这道门，总会将眼前所见与记忆中的一景一物对比，即使很多建筑都已重建，依然有许多保留了侨文化的东西，譬如食物。

食物寄乡愁

即使双阳华侨农场内早已盖起了一栋栋现代建筑，但在农场内的峇厘村内，印尼归侨们依然延续着在巴厘岛的生活方式，村内东南亚风格的凉亭、郁郁葱葱的亚热带植物，琳琅满目的印尼糕点以及身穿传统服饰的老归侨，时间恰当的话，还能见到老归侨在村中的广场跳起印尼舞蹈，凡此种种，都向人们展示了一种不同于闽南的异国情调。

从 1960 年初，双阳华侨农场陆续安置了来自印尼、柬埔寨、马来西亚、新加坡、越南等地的归侨，其中以印尼归侨和越南归侨最多，“我们家祖籍在广东，是客家人。从外公往上的四五代先辈就去印尼了，我外公在印尼邦加勿里洞岛上的锡矿当管工，后来跟外婆带着我妈和她两个妹妹、一个弟弟回国。”双阳华侨农场场长庄燕燕对我们说道。

当时庄燕燕的外祖父母搭乘的“芝加莲号”轮船上共有 792 名印尼归侨，他们带上很多生活用品，譬如缝纫机、自行车、布料，还有些人带上常用的香料种子及制作印尼传统糕点的模具等，香料种子在他们被安置到双阳华侨农场后，被种植在房前屋后；至于模具，有的依然在归侨家庭中发挥着作用，有些则被放入农场内的文化展示馆，当来客在参观这些展品时，不禁联想起归侨过去的生活场景。

据老一辈归侨回忆，初到双阳华侨农场时，大家被分入不同的生产队，从事农事生产。虽然那个时代生活还较为清贫，农事生产也很辛苦，但农场内归侨的生活还是得到了保障，每逢春节就是侨眷们大展厨艺的时刻，餐桌上总会见到各色糕点，除了寓意步步高的印尼传统千层糕，还有闽南的传统糕点。庄燕燕回忆道："据我妈妈说，他们从前在印尼过春节，一定会吃年糕，因为这是中国人的传统，后来他们回国了也一直延续这个传统，年糕的做法跟闽南的甜粿差不多。"

除了年糕，双阳华侨农场的归侨家庭祭祖时，供桌上还会出现闽南特有的红龟粿，不过这种糕点随着闽南人下南洋，在东南亚一些华人聚居的地方有了新的变化：据当地归侨后代介绍，闽南红龟粿里面一般包着花生碎，而在印尼的华侨会因地制宜，用黑糖和椰丝做内馅，当然外形与闽南是一样的。此外，他们还想到用当地常见的香兰叶为发糕染色，做成香兰叶味的绿色发糕。

从这些食物中，人们总能找到广东、福建地区的饮食文化的影子，这与迁徙到东南亚的人群息息相关。此后，这些创意的素味糕点又随着回国的归侨，回到了它们最初的故乡，并带来了新的味觉体验。食物的迁徙与流变，亦见证了人的远行与归来。

娘惹的厨房

侨家 1960 是林兴运与母亲洪春梅共同经营的餐厅，他将其称作"归侨的家庭餐桌"。1960 年，是他的外祖父母从印尼回国的那一年，其中还有段浪漫的插曲，林兴运说："我外公出生于印尼龙目岛上一个富裕的华侨家庭，外婆一家是生活在巴厘岛的华侨，由于当时印尼出现了排华事件，外婆一家便决定回国，外公舍不得外婆，不顾家里反对，

1965 年 10 月 1 日，双阳华侨农场部分归侨合影

洪春梅的父母于 1960 年从印尼回国，被安排到泉州双阳华侨农场

自己跟着外婆一家坐船回来了。”接侨船停靠在广州后不久，他们一行人被安排到泉州双阳华侨农场，而林兴运外公的祖籍正是泉州，“外公老家就在南安的英都，对他来说，这趟也算是回乡了。”

林兴运的外婆本身是一位传统的娘惹，做得一手好菜，尤其擅长调制南洋香料。华侨农场内除了归侨，还居住着其他地方迁徙而来的居民，每当吃饭时，归侨家庭的餐桌总是村子里最令人惊艳的。不仅是因为多样的造型，还有一种来自异国的特别味道，秘诀就在于各式各样的香料。

在传统娘惹家庭的厨房里，厨艺在女眷之间传承，她们秉承着这样的理念：娘惹菜的灵魂就是酱料，只要掌握了几种酱料的配方，就能

摩摩喳喳老板财哥是归侨后代，在农场里经营一间甜品店

归侨的家庭餐桌，南洋风情惹人醉

洛江双阳街道的前身为华侨农场

做出各种各样的娘惹菜。其中虾酱是娘惹菜运用较多的一种，此外可以做成素的酱料有咖喱酱、辣酱。咖喱酱使用的香料包括香茅、南姜、柠檬叶、山柰等，而辣酱主要的食材辣椒，最初在农场仅有少数归侨种植，“而且这种来自印尼的辣椒，是比较辣的，我外婆做的辣酱我们都不太吃得惯。”林兴运对我们说道。同样的食物，在不同的地方必然会经历融合的过程，母亲改良的辣酱，更符合他们这些久居闽南的归侨的口味。

林兴运母亲的巧思还体现在印尼与闽南风味的结合，她尤其擅长烹饪包含闽南当地食材、有别于闽南口味的娘惹菜。泉州传统的小吃润饼，在擅长运用香料的娘惹手中，就会变化出不一样的滋味：备好豆芽、红萝卜、卷心菜等时蔬，加入胡椒、山柰等香料，一同入锅炒熟后，用润饼皮将食材包裹起来，然后下锅油炸。被炸至金黄的润饼出锅后，还要搭配豆豉酱及自制的沙嗲酱。

时代发展，食物也在不断变化中，就像华侨农场里的归侨及后代，在不断地调整自己、融入新的生活，无论是从小生活在闽南地区的人，抑或林兴运这样的归侨家庭，在吃到这份润饼时，都会产生一份自然的亲近感，这是一种既特别又熟悉的故乡滋味。

传递侨文化

在计划经济体制时代，双阳华侨农场和中国其他地区的大多数华侨农场一样，俨然是一个自给自足的小社会：各类基础设施齐全，从托儿所、幼儿园、小学、初中一应俱全，还有各种机械厂、卫生所、食品厂等，一些归侨家庭还能收到海外亲人寄回来的各类电器、食品、服饰等，还有特殊的票券——侨汇券，这种来自海外的外汇能够在一些华侨商店购买在当时看来较稀罕的商品。

归侨侨眷会用亲人寄来的各种调料制作美食，从小在农场长大的归侨小孩大多有这样的困惑，“为什么别人冬至吃的汤圆就两种颜色，我们家里的有六七种颜色？”原因就在来自印尼的各类配料，尤其是一些浓缩的水果果浆，可以用来给食物添香染色，如粉红色的玫瑰糖浆、黄色的榴莲果浆、绿色的香兰叶果浆以及黑色的巧克力浆，正是这些特别的配料令汤圆变得五颜六色，并赋予了特别的香气。

除了汤圆，归侨的餐桌上还有很多精致的糕点。每到春节，家住双阳华侨农场内侨居新村的侨眷黄美兰就开始在厨房忙碌着，她要准备印尼传统糕点太阳饼来招待客人，吱吱作响的油锅里，几块形如花朵的太阳饼漂浮着，被炸得金黄。其浆料只是面粉、鸡蛋、椰子粉和糖，在黄美兰的巧手下散发着诱人的香气。

另一位归侨许丽玉从小就跟着父母学做千层糕，做法早已烂熟于心：将鸡蛋、糖、面粉、香料一起搅拌约三四十分钟，后加入大豆油、炼乳继续搅拌，接下来就是“递进式”烘烤环节，将一部分浆料倒入烤炉，放入烤箱烤，估计烤熟后，再倒上一层浆料继续烘烤，如此反复逐层烘烤，大约要一个小时，需要娴熟的技术才能做出层次分明、奶香四溢、口感绵密的千层糕。这样的糕点才能摆上春节的团圆桌上，一家人在品尝美食的过程中，感受属于华侨的浓浓年味。

乘着改革开放的东风，双阳华侨农场也迎来了产业转型，同时配合泉州洛江区域旅游开发的规划，在农场内打造了“一场一园一馆一街”，即：双阳侨乡广场、双阳沓厘民俗文化园、国营双阳华侨农场文化展示馆以及双阳印尼特色一条街。为了让农场本身丰富的侨文化被推广，这里还举行了“洛江双阳首届美食文化旅游节”，农场里的归侨们纷纷拿出自己的拿手菜，向来自厦漳泉三地的游客展示来自东南亚的美食，深受好评的有黄姜饭、咖喱及凉拌蔬菜，这些食物体现了外界对归侨及华侨农场的认知。在庄燕燕看来，过去来自东南亚的归侨聚居在农场这个小社会里，因为彼此的认同感，令侨文化得以保存并不断丰富；另一方面，大家也失去了同外界更深入交流的机会，而食物能够拉近华侨农场与外界的距离，双方不再隔着那道大拱门远远观望。

半个世纪过去了，昔日被称作“荒山野岭”的双第农场已初步建成了具有异域风情的社会主义新型农村，侨民们用自己勤劳的双手，创造出了今天幸福的生活，也把祖先传到南洋的素味与乡愁带了回来。

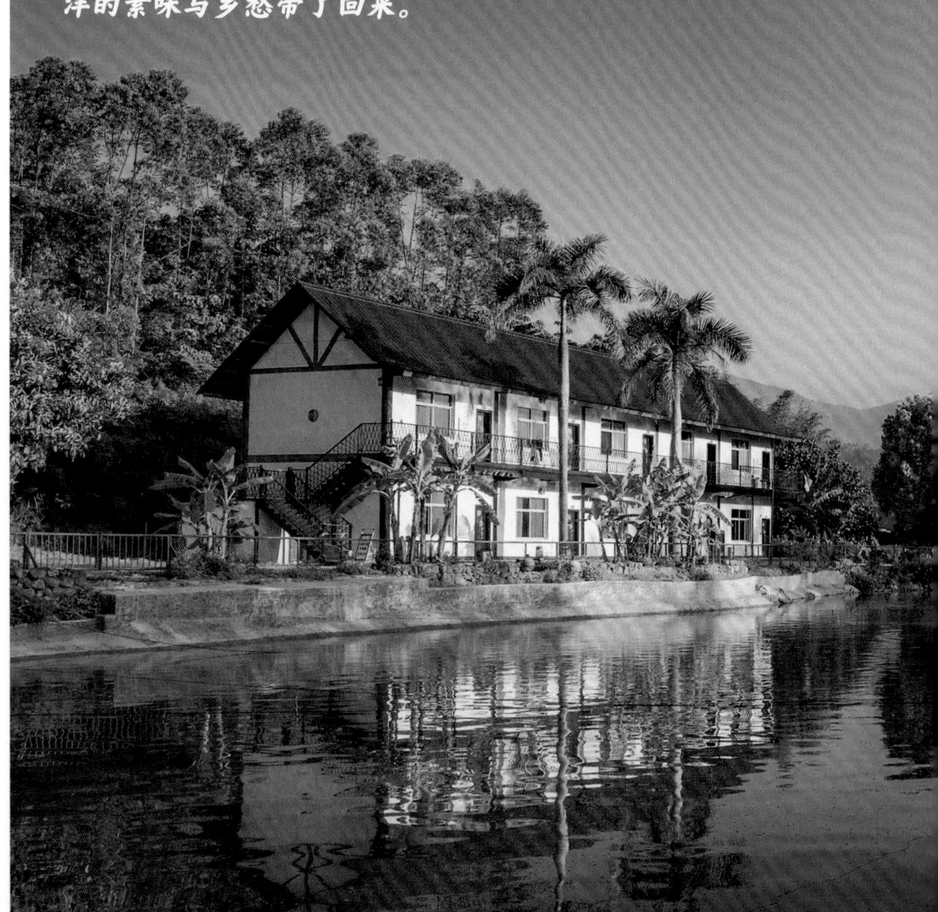

这边风景独好　图 / 胡智勤

漳州·双第华侨农场：

寻一方净土，回归内心的真

文 / 张铮

“举目满眼绿，移步皆是景”。龙海双第华侨农场，是一个来了就想走的地方。从 1960 至 1979 年，农场先后接待安置了来自印尼、越南、缅甸、泰国、菲律宾、新加坡、沙捞越、马来西亚等 8 个国家和地区的归难侨 13 批共 4719 人。

这里的气候宜居、环境优美；民风淳朴，食材丰富。一栋栋整齐的小洋楼隐约带着一抹东南风情，让人眼前一亮。开窗看绿，推门闻香，让人不禁感叹“诗和远方”尽在眼前。在充满东南亚美食的地方找寻素食的踪迹，并不是一件难事。归侨们虽算不上真正意义上的素食主义者，但素食在他们生活中扮演了不可或缺的角色。

归侨安居乐业，绿色生态种植　图 / 游斐渊

千年古刹，"素"源慈悲

双第的故事，还得从清安岩寺说起。传说一千多年前，唐代周氏兄弟读书于此，周匡业、周匡物兄弟俩双双明经、进士及第，其中周匡物为设立漳州府后的首名进士，官至高州刺史。因双齐及第，地因人传，故"天城山"遂改为"名第山"，继之改为"双第山"。这也是今天双第名称的由来。

曾经的清安岩寺是古龙溪一大名刹，善男信女云集，香烟旺盛。但因时代变迁，庙宇曾一度沦为土匪窝，极为荒凉。2007年，从厦门南普陀旁的闽南佛学院毕业后，传聪法师在新加坡继续修行了8年，对南洋的素味与净心有了别样的体会。机缘下，他来到了清安岩寺，眼前荒芜的景象他感到十分心痛，决定参与抢救清安禅寺文物古迹，全面规划进行重建工作，终于使昔日名闻海内外的清安禅寺重放光彩。

作为汉传佛教的修持者，对于吃素这件事，传聪法师有更加深刻的看法，"我们不能让素食流于形式。佛教讲究修心，而不在形式。我作为出家人，希望用身体力行感化世间的贪念与诛杀业，培养慈悲心与同情心。对于决定吃素的人来说，了解素食的起源与发展非常重要，盲目吃素并不可取。同时，吃素也要注意自己的身体健康，避免走向极端，因为对自己的慈悲是最基本的。"

岩上风景风光绚丽多彩，山如翠幄，常年云雾蒙蒙，缭绕禅寺。庙中晨钟暮钹，山谷传声。诵经时，对面鱼嘴山上的鱼嘴岩寺也能听见，两寺诵经之声在山谷回荡；岩下一年四季果香弥漫，层层叠叠的梯田，如诗如画。潺潺泉水清澈幽咽，让人如痴如醉。荔枝林，茶叶园，随风摇曳的竹林郁郁葱葱，翠绿环抱。

把味觉记忆带回祖国

前往清安岩寺的信众，时常向小梁家定做两种素食糕点作为供品——九层糕和黑年糕，这是印尼常见的糕点。店主梁慧蓉是在这里

清安岩寺的历史可追溯到唐朝　图/胡智勤

土生土长的归侨二代，她的父亲梁俊贤是1960年第一批到达双第农场的印尼归侨，那年梁俊贤只有11岁，他是和父母一起回来的。

如今，梁俊贤变成了老梁，年逾古稀的他坐在店门口喝茶，说起过去的种种经历，平静得仿佛在说别人的故事。与众多因排华而回国的归侨不同，梁俊贤一家是主动回国的。当年，他们有两种选择，一是放弃华人姓氏与国籍，彻底成为“印尼人”；二是回到祖国。梁俊贤的父母几乎没有犹豫，带着孩子以及所有能带上的所有家当，登上了满载归侨的船，在海上辗转七天七夜，终于回到祖国。

梁俊贤坦言，刚到双第农场的时候，放眼望去除了山，还是山。由于农场地理位置较偏，出入只有一条羊肠小道，生活条件十分艰苦。这对海岛出生、家境优渥的他来说，毫不夸张是“人生第一次”。干农活、学技术、谋生路……一切从头开始学起，曾经双第农场里邻里乡亲流传着一句话：“全村穷当当，母鸡跑光光，公鸡孤单单……”因此，多数归侨希望能生一个女儿，把她嫁出去，不要再过苦日子。时间不知不觉过去了60年，眼见双第发展得越来越好，梁俊贤便将在外的女儿叫了回来，这间糕点铺就是小梁2010年接手的。

只见小梁熟练地将斑斓汁和糖加入椰浆中搅拌，雪白的椰浆很快变成了奶绿色的液体。斑斓是一种亚热带绿色植物，是印尼菜的常见食材。但本地种植斑斓要么不易存活，要么容易变种，因此只能依靠进口。在快递业不那么发达的年代，这些特殊食材只能靠他们去香港亲戚那儿背回来。在疫情发生以前，小梁几乎每周都要去一次香港，如今的库存已所剩不多。在制作时，她显得格外小心翼翼，生怕浪费了这珍贵的原料。

小梁一边过滤椰浆中的杂质，一边缓缓地回忆起了往事：“制作糕点的手艺，是奶奶教给母亲，母亲再教给我的。在印尼时，我们家的条件不错，平日里奶奶不用上班，每天有大把时光学习、制作各类菜色和糕点。你会发现，不管是印尼菜和印尼糕点，舍得投入时间是一

双第华侨农场民众载歌载舞　图 / 游斐渊

个非常重要的特点。从食材到香料，长时间捶打必不可少。”说着，小梁指着厨房里一具重重的石臼介绍，它是奶奶在印尼时用以捣碎食材的工具，随着家人漂洋过海而来，至今仍在使用。

昔日用来消磨时光的休闲爱好，成了维持生计的方式。九层糕需要经过一层一层蒸制而成，整个过程要花费近一个小时，但小梁却笑着表示，黑年糕才是真正需要交付大把时间的糕点。它需要将蒸好的糯米制成浆后与红糖、椰浆一起不停翻炒制止变得Q弹，过程中不能有停顿，否则就会粘锅。如今小梁做一次黑年糕用时4小时以上，而奶奶当初甚至告诉她们要超过8个小时。炒制的时间越长，黑年糕就越有嚼劲，保存时间也越长。只需常温放置，就能保存半个月之久。黑年糕的香味浓厚，又带了一丝椰汁的清甜，口味独特，是过节时必不可少的糕点。

九层糕的椰香愈发浓郁，夹杂着斑斓叶的清爽气味，弥漫在整间小店。顾客循着香味而来，小梁忙得不亦乐乎。这间从老梁就开始经营的小店，几乎日日如此。随着农场客流量与日俱增，加之配套网络销售渠道，小梁家的糕点店订单不断，生意愈发红火。

如今，越来越多像小梁这样的“侨二代”“侨三代”回归农场，孕育着无尽的希望。

好好生活，就是放慢脚步

远处，依山势而建的小洋楼鳞次栉比，在绿树掩映下整洁漂亮。在双第农场生活的归侨，生活很慢，慢得好像和外界是两个时空，让人不自觉地忘记时间。走在一栋栋排列整齐的别墅前，可以闻到各种各样的气味，侨民们喜欢在自家庭院里种菜、种花、种香料等。据场部工作人员介绍，夏天的夜晚，侨民们有在庭院里吃火锅的习惯，伸手就可以摘到最新鲜的蔬菜，一把放进锅里。在等待菜出锅的过程中，摘取桌旁的小青橘、香茅等香料调一个东南亚风味的蘸料，夏夜吹来的风伴着声声蝉鸣，好不惬意。

一位正在庭院里打理孤挺花的老人吸引了我们注意力，老人名叫吴辉全，他与妻子甘瑞莲同为早期的归侨，见证了双第华侨农场建场创业的光荣历史和华丽转身。作为农场退休职工，他与老伴每个月有近7000元退休金，夫妻俩居住在农场，每天和邻里乡亲跳舞、串门或打理自家菜园，日子过得特别舒心，晚年生活其乐融融。

丈夫吴辉全现年82岁，精神矍铄，听闻我们要了解素食，他兴致勃勃地地带我们去了自家菜园，那是他每天下午必去的地方。穿过小道，他在一株株膝盖高的菜旁蹲了下来，精心呵护着一种名为“树菜”的绿叶蔬菜，据说它可以长到和人一样高。天气渐暖，老人很开心，这是他最喜欢的一道菜，可用来炒、炖、做馅等。树菜畏寒，气候寒冷时只能用塑料布包着，但多数时候还是熬不过冬天。这种菜在印尼一年四季都可品尝，但在这里只能在气候温暖时生长，但能吃到记忆里的味道，吴辉全已十分满足。

诚然，侨民们仍旧会偶尔追忆侨居国的生活，通过味觉也好，通过老物件也好。但不用怀疑的是，他们在双第华侨农场里找到了心中追求的安宁与满足，正如吴辉全的妻子甘瑞莲所说：“现在农场路畅、山青、景美。我们哪里都不想去，哪里都比不上咱们双第！”

常山华侨农场地处漳州南部，是全国第二、全省最大的华侨农场。半个多世纪以来，超过8000名归侨在这片土地上安家置业，繁衍生息。他们的回归让曾经人迹罕至的“鼎盖埔”变得富有生机，在这片闽南土壤中融合生长。随着他们一起回归的，不只有食物的记忆，还有和先祖下南洋时一般的勇气以及积极面对生活的信心。

张铮（左）走进常山华侨农场，采访归侨李光乐　图/高志坚

漳州·常山华侨农场：
原乡寻味，苦尽甘来

文 / 张铮

筹办于 1952 年 12 月初的常山华侨农场是福建省最大的华侨农场，先后安置了来自印尼、马来西亚、越南等 13 个国家和地区的归侨。

回想起建场初期的场景，几乎所有归侨的第一个字都是“苦”。但不管过去有多么艰辛，他们仍旧坚持做生活的舞者。侨居国的记忆逐渐远去，他们总在味觉中寻找一些曾在那里生活的痕迹，这种“小时候的味道”“记忆中的情感”羁绊了他们一生。历经沧桑，阅尽繁华，他们终于在数百年前先祖出发的地方，找到了追寻一生的满足与安宁。

赶早去常山

常山的一天，是从赶早开始的。当许多城市还沉浸在睡梦中时，常山就已在早市里东南亚风味的早点中睁开了眼睛。即使在闽南已经生活了大半辈子，绝大多数第一代侨民最习惯的早餐依然是咖啡配上南洋风味的糕点。不仅如此，“赶早去常山吃早餐”也是周边人的时髦事。天刚蒙蒙亮，有来自周边城镇的居民陆陆续续地来到常山菜市场，不深入其中，这个市场看起来与普通的市场似乎无异。但靠近一点，你就会发现这里的饮食呈现出了浓郁的南洋风，九层糕、糯米条、椰丝卷和一些叫不出名字的特色糕点是市场上的热销款，摊前购买的食客络绎不绝。

常山的归国华侨以印尼、马来西亚、泰国等东南亚国家为主，糕点摊位老板李光乐便是印尼归侨中的一员。1959 年，李光乐的父母因印尼排华而逃难回到常山农场，所以他是土生土长的“侨二代”。和这里的众多华侨后裔们一样，李光乐虽然从未去过父母的侨居国，却自小通过这些另类的早点，在味觉上与遥远的异国产生了关联。在他的小摊前，你可以尽情挑选各式糕点，而素食中的“爆款”非九层糕莫属，一层一层晶莹剔透、椰香浓郁、色彩鲜艳的九层糕时常会让第一次吃的人犯了难：“这多彩的颜色是色素吗？”李光乐介绍道，其实这些颜色全都来自可食植物，有些看起来又白又嫩的糕点也会用芭蕉叶裹起来，不仅包装精美，吃起来味道也格外清香。制作糕点的原料和设备，有很多是从国外带过来的，加以“独门秘方”，因此本地人无法仿制。

诸如李老板这样将南洋味打造成自己营生的侨二代，在常山华侨农

常山华侨农场台商谢铭洋分享自家工厂生产的素肉丝制作的“青椒炒肉”

印尼归侨林月云经营的“好运糕点坊”使用的红木薯都是当地农民每天上午新鲜挖采的

场里并不少见，“侨缘”餐厅里的年轻主厨陈磊也是如此。陈磊是常山华侨农场里的“侨三代”，今年已是他经营“侨缘”的第十个年头，作为常山华侨农场里有名的南洋风味餐厅，几乎每天座无虚席，时常需要预约。

从小就爱好美食的陈磊，最大的梦想就是成为一名厨师。上初中时，他便开始向姑姑以及常山当地归侨学做东南亚菜系。如今的他并不满足于制作传统的东南亚菜，而是在保留精髓的基础上加以创新，融合“闽南味”，正如当地归侨一样，保留着大量的“混血”的特征。如果你

“侨缘美食坊”的主厨陈磊正在制作自创的东南亚风味凉拌青菜

是蛋奶素食者，一定不能错过陈磊的创意菜“咖喱面包”：把土豆、茄子、豆角、豆腐切成同等大小，过热油炸透，加上素咖喱酱料，大火转小火慢炖 10 来分钟，最后倒入这道菜的“灵魂”——椰浆，就可以出锅装进面包里了。吸满了咖喱和椰浆的面包松软香甜，椰香四溢。陈磊贴心地说，如果是纯素食者，也可以不把咖喱放面包里，而是直接配米饭，因为咖喱加椰浆的组合本身就是就是一绝的“下饭神器”。

青春绣出花果香

从今日归侨们脸上洋溢的笑容中，我们读懂了他们凭着勤劳的双手把家园建设起来的喜悦。

尽管是福建省最大的华侨农场，常山原本的自然环境却十分恶劣。这里曾经因地瘦人穷、盗匪抢劫盛行，逐渐变成一片野兽为害、人迹罕见的荒埔草地。因这里四面环山，中间是一片盆地，形似锅盖，俗称“鼎盖埔”。

1952 年，从新加坡、马来西亚回国的 147 名归侨进场了。他们的到来，让原本只有 7 户人家的常山（原名“双山”）很快便热闹了起来。一年后，“福建省归国华侨常山集体农场”正式成立了。1962 年，农场成立了亚热带作物实验场，大面积扩种胡椒、咖啡、橡胶等热带作物。农场规模逐渐壮大起来，在各方面呈现出一片欣欣向荣的景象。

建场初期，归侨场员们出工劳动，手脚不灵，衣服奇异。当地农民和过路群众都以惊奇的眼光看着他们，“哪来的这些人？”在弄清情况后，他们又会带着一点新奇和友善的神情看待他们。而最受欢迎的，是由十二位单身侨女组成的团队，她们年轻美丽、勤劳勇敢，人们亲切地称她们为“十二朵金花”。

“十二朵金花”是第一批拓荒者，有着共同的经历——在马来西亚受过迫害，她们有理想、有报复、热爱祖国，对建设新中国充满热情。陈磊的外婆便是其中的一员，刚到常山时，外婆陈惠珍还不到 19 岁。

陈惠珍的父亲是马来亚华侨，尽管身在海外，却心系祖国，在抗日战争时不幸牺牲。

陈惠珍与其他十一朵金花一样，在来到常山之前没有干过农活。但她们凭借柔弱的双手，吃苦耐劳，艰苦创业，开垦出了很多农田，种植了橡胶、胡椒、香茅、龙眼、荔枝和菠萝等农产品，产量和质量也逐年增高。她们也会在家前屋后种植东南亚的蔬菜水果，长势良好，硕果累累，引得路人赞不绝口。下班后的她们热情活泼、多才多艺，轻歌曼舞，在忙碌生活的间隙，在一曲歌舞后尝着南洋风味的糕点，把逐渐远去的回忆临摹一番。

“从年轻姑娘到满头白发，多数开场元老都已经过世了。我们的青春贡献给了常山华侨农场的建设事业，我们问心无愧。”陈惠珍说。

青山在，人未远

改革开放后的常山开始全面谋求完善安置工作的新出路——建厂、扩大就业，大力发展工业生产。1980 年，常山华侨罐头厂动工兴建，大量归侨进场工作。依托农业的积淀，制作罐头所需的蘑菇、荔枝、芦笋等原料产量丰富，罐头销量逐年增长，当地归侨纷纷感叹：“那是日子真真好起来的开端。”

经济的发展使许多人认识了常山这块宝地，陆续有众多企业在此投资设厂，其中不乏台企在内，至今已有 40 多家，台商谢铭洋的“福建大统圣味食品有限公司”便是其中之一。公司主打以大豆蛋白为原料，生产素丸子、素肉、素香肠等素食制品，这些素食制品的原料，如魔芋等，部分也种植在常山。

发展了产业，也留住了乡愁。祖籍泉州的谢铭洋和常山归侨一样，有建设祖国的愿景。谢铭洋开办了“常山道德讲堂”，组织学习、研究中华传统文化，倡导优秀的传统道德理念。秉着自愿精神，任何人均可免费听课，结束后还提供免费的素食午餐。谢铭洋的想法很简单——

让更多人接受中华传统文化的熏陶，并践行在以后的工作、学习与生活中。

平日里，谢铭洋与当地侨民们生活融洽，时常带着公司的素食产品到越侨经营的“福聚饭店”里用餐，请他们帮忙加工，店家还贴心地帮他准备了专门用来制作素食的锅。不到半小时，店家就端上来用素肉制作的糖醋里脊、青椒炒肉丝等。用餐过程中，店家拿着谢铭洋赠予她的素食菜谱前来询问我们用餐感受，我们连连点赞。“越侨们勤劳团结，拜托他们的事情，他们都会认真且尽力地去做，这一点我深有体会。”谢铭洋表示。

一餐美味的素食午餐结束，一家卖东南亚点心的铺子前传来的阵阵笑声吸引了我们的注意力，原来是几位归侨在享受“闺蜜们的下午茶”，这是点心铺老板林月云一天中最享受的休闲时光。她把刚刚出锅的薯片纳凉，分享给门口的姐妹品尝。红木薯是今天早上刚从地里挖出来的，不需要任何其他佐料，把木薯切成薄片后下锅炸，炸出来的薯片又大又香。同行的场部工作人员说，这薯片是和他一样的常山华侨中学学子们记忆里的味道。

在林月云忙的过程中，有越来越多“姐妹”陆续到来，带着自己在家制作的小食一同分享，既有闽南风味的咸糕，又有南洋风味的黄金糕和糯米卷，形成了一种“南洋闽南配”的下午茶风格，也有人带来了自家种的桑葚和蓝莓。不一会儿，林月云又端出了加了冰镇的椰汁西米露，这是她们夏天常喝的饮品。这些女眷们多为退休职工，每天下午都会不约而同地来到这里，谈话的内容多涉及美食的制作方法，这样的场景，和她们在海外时很像，但内心却多了安定与幸福。

常山的一天，是在印尼舞中结束的。夜幕降临，“东南亚风情长廊”前愈发热闹起来，侨民们身穿传统印尼服饰，跟着欢快的印尼歌曲翩翩起舞。领队的葛美玲是 1960 年回归农场的第一代归侨，年轻时由于喜欢唱跳，成了场里的幼儿园老师，到退休时教龄长达 37 年。葛美玲告诉我们，印尼舞队里不仅有当地归侨，还吸引了很多当地人一起学习。看着她们轻盈的舞步、摇摆的身姿、奔放的神态、欢愉的笑声，真让有些拘谨的我们颇为羡慕。伴随音乐卸下的，不只是一身的疲惫，而是一生的疲惫。

常山是中国第二大、福建省最大的华侨农场　图 / 高志坚

宝岛寻味

台湾素食者是幸福的，蔬食早已融入他们的生活，每一次品尝，都是一场身心愉悦的享受，蔬食带来的，是健康、环保的生活观，更是对土地的感恩、对彼岸的牵挂。

素行
我我

图 / 曾敏雄

倘若用一个词来概括台湾素食，那么应该就是多元。从吃素的理由、吃素的形式到吃素所带来的一连串连锁反应，从身体到心灵等方方面面，你能从台湾同胞那里听到截然不同的感悟。

从“素食”到“蔬食”

文／郑雯馨 图／黄子明

在素食文化兴盛的台湾，吃素是一件值得讨论的事，这是因为人们对于素食的划分格外细致，由此延伸出来的素食产业及素食理念五花八门；其中台湾的传统素食与闽南饮食有着密切的关联——当闽南人到台湾开垦时，带去了闽南的饮食文化及烹饪手法，其印记至今依然保留在台湾的一些素食菜品，区别只在于原料由“荤”改“素”。同时吃素也是一件不需要讨论的事，正因拥有太多选择，在台湾同胞眼里，素食并非特殊、小众乃至需要小心翼翼对待的饮食方式，而是再寻常过的一种饮食选择而已。

古之素，礼佛心

在台湾，想要吃一餐素食并不是什么难事。尤其是在台北，你甚至不需要特地搜寻素食餐厅，在大街小巷闲逛时，都可能遇到一个素食摊。摊主中既有五六十岁的老者，也不乏二三十岁的年轻人，而且他们当中多数都是素食者。当视线顺着滚烫的高汤袅袅升起的白气往上看，价目表上各种素食小吃令人食指大动：素面线、素咸粥、豆皮面、当归汤、素肉臊饭、沙茶粿仔、素咖喱饭、各式卤味……这些食物在闽南的市井街店内同样随处可见，唯一的区别就在于荤素之别，尤其是初次尝试素食的闽南人会产生这样的疑惑：面线还有素荤之分？其实最大的区别在汤头，素食摊上的汤头主要用豆包、菌菇等天然食材熬制而成，香气四溢，是不亚于荤汤头的美味。

除了汤面，台湾的素食摊还供应烫青菜及各种豆制品，这些小菜都有摊主特制的浇头，可谓健康与美味兼具。一些素食小吃的路边摊四周，总是围着三三两两的年轻人和学生，他们盯着在油锅里炸得酥脆的蔬菜，看着它们被捞起、装袋、淋上甜辣酱，终于捧在手上时，不顾热气扑面咬上一口，满嘴都是蔬菜的清甜。对在厦门生活多年的台胞吴佳燕来说，那些素食小吃的味道就是古早味，“我还记得有一种素米雪，做法和闽南这边一样，只是用海苔和糯米替代原本的鸭血，蘸点甜辣酱、香菜，裹上花生粉，然后用竹签串起来吃。有的素食摊还卖早餐吃的饭团，里面包的是用植物蛋白做的素肉松，一样很好吃。”

随处可见的素食摊是台湾饮食中不可或缺的一道风景，食客并非清一色的素食者，对普通民众而言，一碗素面线或一枚素饭团可以是日常的一餐。不过更早的时候，许多素食摊会特别悬挂一面写着“阿弥陀佛”的招牌，可见吃素与宗教信仰之间的联系之紧密。往寺院吃一顿素斋，亦是台湾许多礼佛之人的一种选择，无论是盛名在外的大寺庙，抑或乡野间的小佛寺，积香厨内的掌勺师傅总是能充分地将在地食材的新鲜与原味呈现出来，秘诀或许就在：无需添加过多的调味，不追求形式的多样，而是应时而食。

在闽南师范大学任教的陈建安教授从前时常跟着家人到寺庙挂单，他特别喜欢到那些位于山里旮旯的寺庙去，因为斋菜都是采用当地应季的食材，“我记忆最深刻的，就是到阳明山上的寺庙吃最鲜美的春笋和冬笋，既有腌笃鲜的做法，也有很平常的做法，光是一道笋，我就能配好几碗饭。”为什么会怀念这个味道？对此，已经在漳州生活了二十多年的陈建安给出了答案：因为寺庙的素菜是纯粹的，所使用的食材、添加的配料都力求天然，入口的食物让人安心，亦不会给身体造成负担。更重要的是，寺庙素斋让人在舌尖感知季节更迭，以惜福、感恩之心品味自然慷慨的馈赠。

够维根，够蔬食

据陈建安多年的观察研究，他认为台湾的素食发展大致可分为三大

将素食结合四川煮法，让素食主义者更多了一项好选择　图/祥和蔬食

台湾吃素方便，且选择多样

阶段：第一阶段从 1980 至 2000 年，早期台湾的素食者大约占总人口的 1/4，且绝大多数是因为宗教宣扬的禁止杀生而选择吃素。第二阶段从 2000 至 2010 年，随着台湾社会的宣传，吃素的理由不再局限于宗教，扩大到为自身健康、地球环保等方面，彼时的素食也不再仅仅以蔬菜及豆制品为主，而是开始引进植物肉，由此影响了一些荤食业者也尝试加入素食元素。第三阶段从 2010 年至今，台湾的素食人群约占台湾总人口的 1/5，加上更多年轻人加入素食行业以及一些荤食业者不排斥同时经营荤素餐品，台湾目前包含全素餐厅在内的素食餐厅不低于 1 万家，素食在台湾也就变得随处可见。

在台湾，为追求健康、提倡环保而尝试素食正在成为一种潮流，为

素食 Pizza 店，舌尖上的快素食尚

此台湾素食产业也在不断发展、推陈出新，使素食的类型及形式更加年轻化。

从 2018 年开始，在台湾各地时常出现由十几辆餐车组成的素食夜市，摊位上售卖清一色的素食小吃。人气最旺的非乔治素食汉堡莫属，餐车售卖各种风味的素汉堡，都是由小麦蛋白制成的素肉，不少食客第一次吃到时都不敢相信，这么有“肉感”的汉堡居然是素食。另一个人气食品是素章鱼烧——用杏鲍菇、玉米粒及高丽菜替代了章鱼，加上特别酱料做出了相似的口感。树巢蔬食的餐车则主打香椿饼，一张泛着金黄色泽的饼，其口感类似葱油饼，内馅是香椿、素肉燥与高丽菜。这三位摊主因素食而结缘，因而诞生了这个全台巡回的素食夜市，这个队伍也不断壮大，每到一处都吸引大量人潮，不仅有素食者光顾，还有不少年轻人抱着好奇心尝试后，对素食也产生了兴趣。

近年来，在台湾年轻一代中刮起一阵新素食主义风潮，他们通过网络能找到更多新潮的蔬食餐厅及日常蔬食食谱，同时更广泛地传播爱地球的理念。其中广受关注的是“找蔬食 Traveggo”及“够维根 GoVegan”这两个素食频道，“找蔬食 Traveggo”博主是台湾的一对纯素情侣，他们以探店的形式向大众介绍台湾的蔬食餐厅；两个台湾男孩运营的“够维根 GoVegan”频道以轻松幽默的方式科普素食相关话题，诸如“如何快速煮豆子”“西瓜如何变身为牛排”等，他们希望以这种方式打破大众对吃素的一些“佛系”的刻板印象，让吃素这件事变得更有趣、更年轻，与保护环境的责任感紧密结合。

选好素，爱地球

小靖来自泉州，15 年前她与丈夫相识于厦门，婚后随他回到台湾生活，如今她已有十年的“素龄”。据她观察，台湾素食氛围浓厚的其中一个原因，在于除了多种多样的素食餐厅之外，各大超商里几乎都有设置专门的素食区，琳琅满目的素食食材及素食产品，让素食家庭的餐桌不再单调。对小靖这样的长期素食者而言，挑选食材时更关注配方表内展示的信息，“一般来说肯定是配方越少越好，尽量挑选化学成分少的产品，还要留意是否有一些涉及食品安全的检测标识。”为此专门的素食超市便成了素食者的福音，例如台北万隆街的爱维根蔬食超市主打纯素食食品，超市保证不包含任何动物成分，从新鲜果蔬、饼干零食到瓶瓶罐罐的餐厨佐料应有尽有。

因为有种类丰富的素食食材可供选择，小靖家的餐桌上总能见到美味又有创意的素食，素汉堡肉就是她的拿手菜之一：猴头菇、金针菇作为主要食材，将其分切搅碎后，加入蛋清、薏米粉、太白粉或地瓜粉搅拌均匀；拍成肉饼状裹上一层面包粉，放入锅中煎或炸，口感较肉饼更脆更香。“我们家小朋友就很喜欢吃这道菜。”提到自己的孩子选择吃素的原因，小靖很欣慰，“他是因为看到一篇文章说吃素保护地球，就决定开始吃素。而且台湾的学校每周有一天是素食日，当天全体师生都吃素，我觉得这个倡议很不错。”

除了食材，台湾素食的发展带动了许多与素食产业相关的职业。假如你想要成为一名素食厨师，就需要考取相关的证书。据小靖介绍，台湾有不少针对素食厨师资格考证的辅导或教育机构，“学习期有三个月或六个月的，要求学员在规定期限内，需要学会做几道不同的素菜，学成后就去考证。在你学习的这几个月里，当地有关部门会进行一定补助，结束考试后的一个月内，还有人打电话询问你是否顺利找到工作。”获得素食厨师资格证书后，可以在专门的素食餐厅任职，若是想更精进厨艺还能选择继续进修。

随着大陆兴起“素食热”，还有一些台湾的素食厨师选择到大陆创业或工作，厦门就有不少台式素食餐厅，他们带来了台湾的素食文化以及烹饪风格，并融合当地的特色进行创新，特别是从“素食”到“蔬食”称谓的改变，说明吃素的出发点不再局限于宗教信仰，更多的是一种健康生活态度的号召。由倡导蔬食自然引申到对生存的地球抱有一颗呵护之心，这一理念在台湾的素食群体中已然达成共识，并将随着台湾素食业者及素食人士来到厦门后落地生根。

台湾之所以被誉为素食者的天堂，在于多样的素食文化以及素食选择，造就这一切的是台湾本地丰富的物产，还有对新物产的接纳及创意巧思。以此烹饪出五花八门的素食，难道不比荤食更有吸引力？

不管是素食者还是其他人群，谷物都是膳食中的关键

食安护航下的自然餐桌

文 / 郑雯馨　图 / 黄子明

不管是来自森林、海洋，还是产自遵循生态农法栽种的有机农场，台湾各处因气候、水土培育出的谷物、蔬果、菌菇、海产甚至花卉都会出现在素食餐桌上，发现食材的过程，便是发现素食搭配的多种可能。同时为了让素食者能够吃得健康，吃得安心，台湾在食品安全方面做出了诸多努力，这些实践的目的在于：一步步拉近从产地到餐桌的距离。

四季食材，多彩之味

冬春之交，台东南回铁路沿线出现一片红色花海，一丛丛火红、橘黄、亮橘的红藜低垂着，仿佛为大地铺上了一席艳丽的地毯。被誉为谷物界“红宝石”的红藜，是台湾东部少数民族部落自百年前便开始耕种的传统作物，人们将收割后的红藜作酒曲发酵，酿制的小米酒在祭典上被赋予祝福之意，红藜同时也是他们果腹的食粮之一。人们发现红藜本身富含蛋白质，且膳食纤维为地瓜的6倍，满足人体基本营养需求。于是素食者将红藜与多种谷类混合蒸煮的杂粮饭、粥点作为主食，还加入红藜的饼干、麦片、麻薯等产品，也可作为素食者日常解馋的小食。

三月春风吹拂，又是一年云林土库白芦笋的采收季。这种娇贵的芦笋长在沙地里，农夫往常天不亮就要抓紧采收——在土壤中尚未受到日照的嫩茎才能称为白芦笋，被太阳照射颜色便由白转绿变成绿芦笋。曾经盛产白芦笋的云林土库随着台湾经济变革、劳动力转移而逐渐没落，所幸又有一批新农夫再度回归土地。大丘田有机农场的主人林瑞祥延续老一辈的种植经验，并在保持恒温的温室里模拟自然生长环境，培育出来的白芦笋不再满足于传统做法，即直接运往工厂加工成罐头，而是在品质分级后交予能将本地食材的风味呈现出来的厨师，素食者也能在里仁有机超市里进行选购。味如水梨的白芦笋，是台湾春天到来的信号。

多彩的食用花不仅为菜肴增色，更能添加别样风味。据传早期在云林、嘉义地区有众多夜来香花卉种植基地，因为产量过大而面临滞销困境，农夫们灵机一动，将花苞连花茎作为食材售卖，取名为晚香玉笋。其口感较芦笋更爽脆，加上花苞带来的特别香气，立即广受食客好评。如何创意吃花是一项技术活：将晚香玉笋、洋葱、马铃薯、腰果一同打碎，加入橄榄油、盐及白胡椒熬煮成一道餐前浓汤；搭配生菜、莴笋、鸡蛋及草莓，淋上橄榄油、台湾老梅膏调制的酱汁，就是清新爽口的沙拉。从这个新食材的香气中，源源不断地涌出美食的新灵感。

秋雨带来的凉意，采菇人带着工具，在枯枝败叶覆盖下的泥土里寻找野菌，辛勤工作的报酬，是一碗氤氲鲜甜的菌汤。随着现代农业的发展，人们已经能在温室里培育出多数的菌菇。台中新社百菇庄创始人庄学富有着二十多年丰富的种菇经验，游客可在百菇庄内亲自采摘种类多样的菇，农场内还提供各式各样的“菇食谱”，除了香菇饼干、百菇羹、香菇泡菜，更令人想不到的还有香菇冰激凌、香菇冰棒以及用金针菇煮出来的珍菇奶茶，这些创意的素食餐品吸引了不少年轻人，如果说天然意味着健康，那么好吃就决定了素食文化推广的广度。

产销履历，好食材的身份证

在台湾，伴随着素食产业的发展，素食的食品安全问题逐步得到重视。台湾本地的蔬果种植分为有机农业与无毒农业，已经建立起成熟的农产品生产及验证制度，最重要的就是农产品产销履历。即从农产品生产、加工、分装、运输到贩卖的全过程，都进行可追溯、完整、系统的安全卫生记录，检测范围囊括了产地的土壤、水质及生态环境，耕种所使用的化肥、农药、田间管理，加工环节及品质检验，运输贩售等各个层面。

这套制度联系着位于产地及餐桌的两种身份：生产者与消费者，农夫及农会可以将资料上传至农产品生产履历登录系统，而消费者可以根据农产品外包装的条码登录相关网站查询，确认是否购买到令人放心的食材。“果蔬方面，台湾从 2015 年左右开始推动优质农产品认证，包括 GAP（吉园圃）及 CAS（优良农产品）两项认证。其中吉园圃所指蔬果生产农药残留量符合安全标准，可以放心食用；CAS 则是要求农产品生产中不能有任何化学肥料、农药等，是台湾农产品及其加工品最高质量的标志。”陈建安说道。

与台湾一水之隔的厦门，是台胞登陆的第一家园，其良好的食安管控也为台胞所称道。作为典型的食品输入型和消费型城市，厦门 80% 以上食用农产品和食品来自外地。因此，保证输入源头的食品安全成了厦门市食品安全工作的重点之一。如今厦门在食安领域已逐步建立起一套“供厦食品标准体系”：在与香港、台湾地区及欧盟等食品安全标准全面比对基础上，综合分析抽检大数据，采纳严于国家标准的食品安全标准，其中 1 个农产品标准有 307 项安全指标严于国家标准，平均每个产品有 30 项指标严于国标。此外，为了打造厦食品牌，厦门市食安办、市市场监管局授权市食安联向国家知识产权局商标局申请

台中怡定恬园园长刘怡定追求健康种植，不使用农药、除草剂，图为他在查看红藜麦长势

注册了“鹭品”公共品牌，作为供厦食品标识，由此带给市民更安全的保障、更优良的品质。

在上述各类检测标准之下，厦台两地的素食者能够鉴别商超、市场所贩售的食材是否天然无害以及农产品生产流程中是否同样做到减少环境污染，同时推动台湾更多的农场主优化种植，朝生态、无毒农业转型升级。除此之外，还有一些农学专家关注到现代农业生产加工过程中可能产生的资源浪费以及环境污染，于是致力于通过新的农业技术进行废料的循环使用，以期实现零浪费。

物尽其用，向浪费说不

来到有着“椰子王国”之称的台湾屏东，少不了到椰子摊前喝一口

在池上，种稻达人的秘密：像孝顺父母一样孝敬土地，像照顾孩子一样照料稻子　图 / 王国明

清凉的椰子水，除了作为饮料，椰子水还可能有新吃法吗？屏东县内埔乡的农夫林达龙同屏东科技大学食品科学系的教授合作，开发了一系列椰子加工食品，包括椰子油、椰子糖、椰子粉、椰醋以及利用椰肉纤维做出生鱼片口感的食物，他介绍说："大致是在椰子水中加入乳酸菌发酵，约一个月会形成固态的凝胶物质，接着通过机器压缩成类似纸张的薄度，然后再去吸附纯净的水分。"这种素生鱼片不仅出现在台湾新式的素食餐厅，还远销日本，也算是台湾素食的一种输出。

因不忍心看到农夫辛苦种植的高丽菜因滞销而腐烂，林达龙还研发了全新的高丽菜保存法。他多番研究发现，将高丽菜浸泡在盐水中约两周，完全软化后用压缩机器将其压成扁平状，其体积不到原来的1/20，更便于储藏，若是冷藏处理，可保证1年风味不变。这种方法也适用于白菜、甜菜、胡萝卜、黄瓜、蒜等蔬菜，发酵的介质可从盐水替换为乳酸菌，这种发酵法能够延长蔬菜的保藏期，降低因滞销而造成的浪费，一定程度上有益于环境。

在林达龙看来，现代农业生产及加工环节时常出现的浪费现象包括没有对废料进行回收以及对所谓“瑕疵”的低容忍，屏东的椰子就是一个例子，人们只想着喝椰子水，那些剖开的椰子壳被随意丢到河塘，久而久之堵塞河道。对这种现象感到痛心，所以林达龙开动脑筋，从那些废弃的椰壳里抽出椰丝，压制定型后做成可种菜的花盆；拔除过程中掉落的椰土，即杂质和细纤维可作为“培土”，借此尝试进行无土栽培。

台湾农业发展历史上，也曾有过滥用化肥、农药的阶段，由此造成水源污染、土地肥力降低等问题，在这种水土下种植出来的蔬果，品质令人担忧。无土栽培虽然不使用天然土壤，而是以椰土、腐叶土之

台湾植物肉产业在近年方兴未艾，图为本土品牌打造的“植”感生活　图 / 一植肉

类的介质来固定作物，并通过根系接触营养液的形式，但作物依然能正常生长。况且以可持续发展的眼光来看，无土栽培能够给土地恢复“活力”的机会，林达龙希望通过自己的推广，让更多人尝试新的种植方式，有益于环境保护和土地的长久发展。

植物肉，有益还是无益

台湾素食采用的食材，除了农作物外，还有一部分进口的植物基食品。在陈建安看来，植物肉得到重视的原因之一，在于台湾拥有数量庞大的弹性素食者，那些初次尝试素食或是对素食保持观望态度的群体中，年轻人占了较大的比例，“他们对素食的兴趣，大多与宗教信仰无关，反而注重健康和关爱地球的心理居多。假如素食更好吃，那吃素对他们来说就不是一件有负担的事了。”

关于植物肉的讨论也从未停止，尤其是一些因宗教信仰而选择长期素食的人，更倾向选择品尝天然食材的原味。另一方面则是对植物肉原料成分及制作方式不了解而产生的担忧。台湾不少食品企业开始涉足食物肉这一领域，例如台湾老牌肉食企业“台畜 T-HAM”于 2020 年推出旗下首个纯植饮食品牌——No Meating 一植肉。他们主打用植物蛋白取代动物蛋白、通过技术将天然植物原料进行重组建构，同时保证无香料、人工色素及反式脂肪的新食品，既符合弹性素食者对健康的需求，也满足了他们对美食的追求。

植物肉推出的产品改变了一般人对素食的既有印象，据一植物肉品牌行销负责人杨钧如介绍，他们还与台湾名厨合作，以植物香松、植物肉干与植物肉汉堡排为主设计一份“植感生活食谱”：植物香松搭配迷你豆腐制作的前菜，佐以新鲜黄瓜与剥皮辣椒的惊喜搭配；以创意手法烘烤黑胡椒植物肉干，搭配小叶生菜沙拉；选用植物肉汉堡排，特制台式风味的卤肉饭。这一系列推广契合了当代年轻一代的生活习惯，潜移默化地告诉他们：以轻松的心情去体验素食，去发掘素食的多样选择。

我

从福建到台湾的迁徙之路上，一直飘着茶香，茶也自然而然走入闽台日常生活中，从路边的茶仔桌到素食餐厅的饮品，茶与素食的共通之处在于：通过品味天然之物，感恩自然的馈赠。

茶与素食两相宜

文 / 郑雯馨

在闽台两地一脉相承的历史中，茶从古至今都扮演着重要的角色。早期闽南移民带着茶种及制茶工艺到台湾落地生根，如今台湾各地均能找到各类茗茶，两地茶农及茶商也始终保持着密切的联系与来往。茶是台湾素食不可或缺的饮品，同时台湾的素食业者还将饮茶与文化相结合，发展出茶道美学，并且致力于研发素味茶食，将喝茶变成一场兼具古早味及人文格调的美的体验。

台湾茶史，源起福建

台湾茶史是闽台交流史的一个缩影。据《诸罗县志》所载，“台湾中南部地方，海拔八百到五千尺的山地，有野生茶树，附近居民采其幼芽，简单加工制造，而作自家引用。”现在台湾中南部山区还能寻到野生茶树，不过深刻影响了如今台湾茶区分布格局的，是清代福建人的到来。他们发现这四面环海的岛屿常年湿润，容易聚集水汽，且地形以高山和丘陵为主，极其适宜茶树的生长，于是带去的茶种便在台湾落地生根：譬如林凤池从福建引进青心乌龙茶种，据传为台湾乌龙茶之始；还有安溪籍移民张氏兄弟将家乡铁观音茶带往台湾木栅樟湖山，据传为木栅铁观音之始。

除了茶种，福建人还将制茶工艺引入台湾，历经百年的发展与融合，台湾从北到南都有茶园分布，其中几大茶区各有特色。东北部坪林茶区的制茶历史悠久，在台北、新北两地种植的铁观音、包种茶均是来自大陆的品种；桃园、新竹、苗栗地区最负盛名的是东方美人茶，其茶汤蜜香浓郁，喉韵回甘；台湾中部是台湾最核心的茶区，亦是高山茶种植的大本营，尤其是南投县境内的茶园约占全台茶园面积的 39%，主打高山茶，拥有鹿谷茶区、杉林溪茶区及玉山茶区；此外还有不少主打红茶的茶区 ，例如花莲的鹤岗红茶、南投的日月潭红茶、阿萨姆红茶、红玉红茶等。

正因如此，茶既是台湾同胞日常不可或缺的饮品，同时还被广泛运用于饮食之中。种籽设计是一个来自台湾的深耕农植设计多年的团队，他们出版了多本有关“台湾的食物”主题的书籍，当中就介绍了不少台湾同胞如何“吃茶”的奇思妙方。例如《100% 台湾酿酱——物尽其用的哲学》一书中就有红茶的身影，在种籽设计团队看来，“红茶在台湾，走出了一条自己的路，全发酵重烘焙、不揉球，赭红茶汤，冰热皆不损香气甜味”。依托成熟的制茶工艺，台湾红茶除了作为饮品，更能够与其他台湾在地物产组合，比如与水果搭配，本着物尽其用的哲学，将除了用于制茶之外的碎红茶叶，与台湾本地培育的葡萄、苹果及柠檬，另加上冰糖一道熬煮，便是一罐晶莹紫红的葡萄红茶果酱，可涂抹香蕉法式吐司或熬煮甜汤，或是调配一杯消暑的冷饮。

除了水果，红茶还可与台湾古法黑糖、山胡椒、丁香、橙皮一同制成香料黑糖酱。种籽设计团队还从这瓶纯植物酱中，延伸出一些健康美味的素食食谱；如糖渍香蕉，将香蕉去皮，加入奶油后略微煎煮，接着加入 2 匙香料黑糖，直至香蕉表面呈金黄色后起锅即可。

文人茶道，品味文化

除了红茶，乌龙茶也是台湾颇受欢迎的一类茶。如鹿谷茶区盛产冻顶乌龙茶，海拔 734 米的山上常年云雾缭绕，加上含有石灰质的黄色土壤以及充足的日照，适宜茶树生长，制作冻顶乌龙历经杀青、揉捻、团捻、焙火等工序，其外形宛如球状，茶汤味道醇厚。然而当地茶农并不满足于茶叶的种植与制作，而是致力于开发新颖的素茶食。来自鹿谷乡的茶农张裕源从城市返乡，将自家茶园打造成集种茶、制茶、观光一体的新茶园，多年来他共开发了四十多种茶食，包括茶焗珍果、黑糖梅、绿茶梅、茶叶桑椹、茶叶千层豆干、桂花梅、绍兴酒梅、香菇素肉干等，其中不得不提的是以鹿谷乡最负盛名的冻顶乌龙茶泡制的茶香芭乐，茶之清香与酸甜芭乐的搭配广受好评，同时凸显了冻顶

茶制糕点，清苦与香甜的浪漫邂逅　图 / 磐雅苑

茶席品茶　图 / 黄子明

乌龙茶的特色。这些素茶食一经推出，不仅受到素食者的喜爱，同时还出现在茶桌上作为饮茶时搭配的小点。正如茶早已融入台湾人的日常，这些带着茶香的点心同样诠释着台湾人的爱茶之心。

台湾茶道师曹美华为了寻茶，几乎走遍了全台的茶区，对台湾茶可谓如数家珍，她个人最喜欢的也是乌龙茶，因为台湾与福建的乌龙茶一脉相承，背后的文化也很相近，她印象很深的是：小时候见家中长辈起床的第一件事，就是坐到茶桌边泡茶，因为喝的是乌龙茶，通常能从早喝到晚。还有一些中年人习惯打赤膊，聚在榕树下泡茶话仙，令人想到闽南地区时常见到的几个人围坐在户外的一张小茶桌喝茶的场景，人情世故都在一杯茶里展现，这是闽台两地茶文化共同的内涵。

除了这种古早的饮茶，台湾还有一批文人希望通过改革让喝茶走向精致化，由此发展出了文人茶道。2010 年曹美华随丈夫来到厦门，在朋友的邀请下开设茶艺班，将台湾的文人茶道介绍给厦门的爱茶人士，首先她会先向学员讲述中国的喝茶史及文人茶道的源起，之后对六大茶类进行详细介绍，除了课堂学习，曹美华还会带领学生逛福建的茶山，亲自观察茶树生长的环境，茶农是如何采摘、制茶，也会前往台湾体验茶道，感受当地的茶文化。

在传授文人茶道时，曹美华强调要将花、茶、食、艺等元素糅合在一场茶席里。茶点也是其中很重要的一部分，“选择饮茶搭配的茶点有技巧，一般而言，坚果类的茶点有助于消除茶的涩感，让茶汤变得比较甜；假如先吃水果再喝茶，你会感觉茶比较涩，这是因为水果增加了口腔中的涩感。”至于素饼之类的甜食，曹美华建议安排在饮茶后，因为甜的感觉会在口腔中停留较久，不利于品茶，“吃过甜食后，可以含一粒梅子，并用水漱口后再喝茶。”

曹美华还在文人茶道课程上，教学员如何用闽南在地食材制作精致的素茶点，例如闽台两地常见的地瓜，将其蒸至软烂后加入适量的油和蜂蜜调味；接着进行过筛，将其中一些较粗的纤维过滤掉，这样的口感更绵密；之后用纱布巾将地瓜泥裹成球状，轻轻一旋，地瓜球表面会形成自然的纹路，加上葡萄干或其他点缀，就是一份雅致的茶点。

以茶为食，雅致之馔

除此之外，一些台茶企业陆续开设了素茶食生产线，譬如天福茗茶本身经营红茶、绿茶、乌龙茶、花茶、白茶、普洱茶等多种茶类，因此能够开发出一系列茶食品：传统的中式茶糕点有绿茶味的绿豆糕、椰蓉酥、香橘酥，红茶味的黑糖沙琪玛及金萱凤梨酥；西式糕饼类有红茶蔓越莓曲奇、红茶巧克力脆片，还有茶香金橘蜜饯、茶香芒果干和高山绿茶味牛轧糖、茶味坚果等等。

除了素茶点，以茶为材料制成的茶餐早已风靡台湾，做法分为茶汤入菜和以茶叶为食材两种，前者有：将莲子、百合、白木耳、红枣放入冻顶乌龙茶汤煮熟，加入适量糖便是冻顶银茸汤；将梅花冻粉加糖搅拌，加入开水小火煮至半透明状，加入茶汤再次搅拌均匀，待茶汤烧开后倒入模具中，便是纳凉甜品茶果冻。后者有：新鲜金萱嫩芽洗净沥干，用面粉、糖、蛋加水打成糊状，将金萱嫩芽裹上面糊，入锅炸至金黄就是金萱香酥脆，沾点胡椒盐或番茄酱风味更佳。

在台湾一些茶馆内也能见到素食的踪影。创始于 1983 年的春水堂是台湾老牌茶馆，还是泡沫红茶冰饮和珍珠奶茶的缔造者。随着台湾新素食理念的兴起，主张净素的素食者在春水堂里也能找到合适餐品——手工素面线和五香素面，可搭配的有金菇豆皮、茶香高丽菜、古早味地瓜叶，就餐完毕后，还可以点一道三沾小麻糬，其搭配的酱料是碎芝麻和鲜奶油，为这一餐素食落下完美的句点。

在曹美华看来，素茶食和素茶餐都是在台湾茶文化之下的一种延伸，一方面拓展了台湾茶的外延，另一方面反过来丰富了台湾茶的内核。试想当人们坐在一张雅致的茶席旁，静心细品一杯清茗，佐以一份取自自然的茶点，潜移默化间，令茶与素食的联系更加紧密。

香江知味

盘中之物不仅是果腹，更有文化的内涵。来自世界各地的素味精品与原味质朴的家常素菜在香港多元并存，这种混杂而又和谐的人间真味，藏着香江之魂。

我素
我行

图／刘阳

香港同胞，有本地土生土长的，更有来自五湖四海、大江南北的。各式种族，各式移民，在一千一百平方公里的东方之珠，聚成一个个小社区，同时带来了多姿多彩的饮食文化。北角，隐藏在繁华街道里的“小福建”，缱绻的闽南乡音俚语里，飘散着美食的芳香，别有一番韵味。

北角人口以福建人为主，因此又有“小福建”的称号

“小福建”里寻闽素风味

文/司雯　图/洪少葵

香港饮食文化出众，是世界知名的“美食天堂”。这里荟萃了中西饮食文化，融合众多不同饮食文化的特质，又因为内地移民众多，得到了各地菜系的精华。

香港美食有千千万，素食是很特殊的那一个。比起十多年前，如今的素食已经成为香港新的潮流文化，人们纷纷转投素食者行列。

素食风吹起了香港400多家素食餐厅，遍布大街小巷。但老饕们寻“素”的足迹，总少不了一个地方，那就是被当地人喻为“餐饮业战场”的北角。

街边可见地道福建素小吃

北角位于香港东区中部，也是香港岛最北的地区。这里既没有耳熟能详的观赏景点，也没有名牌购物中心或摩天大楼，有的只是香港平民街中的平民街。但就是这毫不起眼的街道，却是香港人口中有名的“食街”。这里有各地风味的美食，自然也少不了素食。

在“食街”寻找素食，甫一入便被亲切的闽南乡音所包围，原来这里竟是在港福建人的聚集地。

在香港，每6个香港人里面就有1个来自福建。福建人占香港人口的比例很大，其中多数来自泉州、厦门等闽南地区，他们中的多数又聚居在北角。因此，北角素来有“小福建”之称。

北角蜕变成小福建，有其历史渊源。20世纪20年代后，有不少福建人经香港前往东南亚经商谋生，部分人发迹后，回港投资。其中，福建漳州籍富商、有“南洋糖王”之称的郭春秧，来到香港刚刚通过填海填出来的北角填海滩一带发展他的生意。他在那一带建设了三百多间店铺，开辟出这条日后在香港岛独具风貌的街道，后来人们就将这一带命名为春秧街。随即，福建乡里开始迁入北角。起初人数不多，到20世纪五六十年代，不少旅居东南亚的福建人移居香港，福建新移民多数落户北角，方便照应。

行走于北角，眼见的市貌虽然和香港别区差不多，人来人往，也不易察觉跟邻近地区的分别，但只要走进横街小巷，细心留意，仍然可以感受到阵阵福建韵味。“晋江”“厦门”“石狮”，特别的街道名称显示此处与福建的渊源。

其中，春秧街是“小福建”的中心点。一条古老的有轨电车穿街而行，短短200米的街道，两旁有数十家卖福建土特产及食品的小商店，客群以福建乡里为主。福建花椰菜，口感爽脆，蒜蓉清炒，清淡素雅，就是地道福建家常菜。

春秧街上有家“福利杂货店”，老板娘吴女士从小就跟着家人从晋江移民到香港，一直在春秧街上生活。杂货店里售卖许多外省人不知的福建民间食品，其中很大一部分是福建素食小吃。“产品部分是从福建运来的，有些则是我们自己做的。”吴女士说，每天她都会亲手制作鸡蛋糕、发糕、素馅饼等福建糕点卖。以鸡蛋、面粉、砂糖等蒸成的鸡蛋糕，质地松软，蛋香颇浓，差不多每天都卖光。“除了买来自己吃，有很多人买来拜神，福建人过时过节，一定上庙，有些乡里每天都拜。”

同样在春秧街上开杂货店的梁女士，更拿手的是做蒜蓉枝、萝卜糕、米糕等漳州素食小吃。梁女士说，喜食素的她，心头好便是萝卜糕、米糕。因为爱吃，所以特意去学着做。梁女士表示，香港本地的萝卜糕混入其他馅料，但福建萝卜糕真的只有萝卜。“萝卜加上素油，我家的萝卜糕虽然是素点心，但好吃！”

三德素食馆由闽商许金锭创办，店内不少菜式改良自福建特色

一间走简约主义的素食餐厅　图 / 素食分子

沿袭闽菜改良素滋味

民以食为天，人们谈及一个地方，很自然就会以食物作联想。但若简单以街边小吃来形容北角，就显得一叶障目了。

离开春秧街，踏进热闹的和富道与繁华的英皇道，扑面而来的便是各式风格的食肆。在四周闽南语的交谈声中，几家风格不同的素食店矗立在此，静待食客光临。

三德素食馆是香港最老牌的素食餐厅之一，2003年的首店就开在北角英皇道上。不少人认为素菜其实并没有想象中健康，因为菜肴内没有肉，所以必须多下盐、油及酱油来提味。而三德素食馆，却以少盐不油腻见称。

三德素食馆由闽商许金锭创办，因此店内不少菜式也改良自福建特色菜。总厨杨师傅介绍，馆里有道三德五香素鸡卷便是改良自闽南特色小吃五香卷。原装版本有放入猪肉碎，现在则改放花生碎、木耳配马蹄和萝卜丝，炸后外脆内爽，每件都香口。配酱亦由酸辣酱改为甜酱，以迁就来吃素的老人家。而另一道招牌菜闽南三丝炒面，厨师选用特别订制的面条，入口幼细软滑，炒前又用上汤煨煮过，令它吸饱汤汁而变得入味，与豆腐干、芽菜及萝卜丝同炒，爽滑利落，且油分不重，口感更丰富。

除了粉面小吃，三德的小菜亦受欢迎，而且食材变化多，例如腰果香芹百合猴王菇，材料丰富且用料不马虎，选用新鲜猴头菇入馔，鲜香饱满，煮前又用上汤煨煮，爽脸间透出甜味。淮山黑木耳素软骨用的亦是鲜淮山，清新滑溜。馆内的菜式完全不下味精，主要靠上汤增添味道，杨师傅说："这汤胆以鲜菌、杂菜及罗汉果等天然材料熬成，而且要每天熬制，否则会变得酸涩难入口。"

店内有三十多款蒸炸点心，全由点心师傅自家包制，杨师傅说："香港的闽菜餐厅很少，食客们也大多不了解闽菜。其实，闽菜花式繁多，有大菜有小吃，咸甜口味俱佳，与食客口味的适配性很好。我们将原先闽南的精髓保留，再加以改良，做成更加健康的素食，让茹素者也能吃到美味的闽菜。”

中西合璧体验素文化

若说三德素食馆是香港素食的探路者，那么在隔壁更为安静的堡垒街有这么一家店，2021年5月刚刚开业，便以“新素派”的风格抢占市场，获得食客们的青睐。

“素食分子”，一个特别有意思的名字，它安静地坐落北角地铺，并非在人流量极大的英皇道，而是隐匿于较安静的堡垒街。餐厅招牌设计简约，全店以白色及浅色装饰为主，还设有售卖食材的陈列架，中间放了一张很大的原木桌，不是用来招待客人，而是用来摆放宣传素食和健康的刊物。餐厅里不仅卖美味的素食，也卖绿色和环保理念，令食客感到十分新颖。

为何选择北角？负责人之一的Tina解释，北角有“小福建”之称，各式菜系林立，餐饮业内人士称此区为“餐饮业战场”，要有真材实料好味道的出品，才可以在这里站稳脚跟。“北角是最早聚集佛堂的地方，是香港素食起源地点，所以特别有灵气，是个好地方。”

开业仅一年，“素食分子”已有一批忠实的食客，还吸引了不少年轻人光顾，除了因为店铺装修较新潮，Tina觉得与更多香港人吃素有关。

Tina说：“现在香港人接受素食的程度有所提高，很多人吃素即使并非纯素，一周吃两三餐的也有不少。比如‘星期一吃素’这个概念就非常流行，当然，也可以在其他时间。吃素本来就没有时间约定，任何时间吃都很好。”

为了能烹调出卖相仿真度高并且好味健康的素食，“素食分子”罕见地采用了不同厨师煮不同菜肴的方式。例如广东素菜由广东菜厨师烹饪，闽南素菜由闽南蔡厨师负责，马来素菜有马来厨师掌灶，日式素菜有日本料理厨师打点。“这样，能够做出其原有的色香味，跟一般素食店‘一厨炒所有菜系’截然不同。”Tina说，“虽然专厨会加重成本，但可以把素食做到比荤更美味，为吃素提升到一个新的层次。”

除了素食餐饮，北角还有许多素食咖啡店。香港人本来喜饮茶，随着茶餐厅的兴起，咖啡也逐渐受到人们的欢迎。尤其是下午3点至6点，中晚餐的空隙就成了喝咖啡的黄金时间。为了迎合年轻人的口味，充满个性的咖啡店接连出现。到了近几年，在与素食文化相结合后，素食咖啡悄然诞生。

英皇道上的 Green Common Nexxus，老板是一位祖籍福建，长年旅居新加坡的华人阿邵。定居香港后，他将咖啡文化与素食相结合，在两层楼的空间里，地下是纯素咖啡室，一楼是纯素餐厅。阿邵介绍，纯素咖啡室的所有咖啡及饮品都是使用燕麦奶来冲调，除了咖啡外，还有多款轻食。至于一楼的餐厅就提供多款亚洲 Fusion 菜式，让人尽享素食新滋味。

香港人爱吃，更注重饮食健康，素食产业在竞争中渐渐走向成熟。而随着福建与香港的特殊地缘与人缘，那些从福建走出去的素食业者们，总有一天会带着他们对素食的热爱，回到闽地，回到家乡，提倡素食理念，弘扬素食文化，提升素食产业。

“吃”，一直是中国人生活中非常重要的一部分。香港这座国际化的城市，吸引了不少人士前往工作、学习和定居。这些人的到来，也丰富了香港的饮食文化。而随着许多年轻人投入餐饮行业，新式素食店亦配合潮流相继涌现。

从味觉到体验的变迁

闽籍年轻人港岛推广素食

文 / 司雯

“食斋”与“茹素”，看似相近，却有很大区别，前者除了考虑食物种类，亦须遵从佛教规条限制进食时间。时移势易，有百年历史的传统斋铺亦褪去宗教色彩，转趋现代化，更关注个人健康及环境保护。

近年，香港掀起一股素食风潮，愈来愈多年轻人加入素食行列。他们不仅会吃，还希望能够真正推动素食的发展。热潮过后，他们仍然珍视素食市场的发展潜力，在港投资素食店铺，期望推广素食文化，甚至逆转港岛饮食大流。这其中，不乏闽籍年轻人的身影。

素食自助:提倡多元化的素食体验

“无肉食”素食自助餐餐厅，是香港少有主打自助的素食餐饮，2015 年开业至今，已在香港素食圈小有名气。年轻的老板杨应邦祖籍福建晋江，小时候经常跟着父母来北角玩。因此在决定开设“无肉食”时，第一时间就想到了这片让他倍感亲切的土地。

当初开设“无肉食”，杨应邦和拍档一心希望推广素食，同时提供多款菜式选择，让客人可以在舒适环境下，品尝不同种类的素食。刚开张时，餐厅以38元港币的自助午餐作招待，吸引大批客人排长龙光顾。“开业当日大排长龙的景象十分震撼，甚至吸引很多非素食者前来。”杨应邦说，但那时自己与搭档经验不足，随即面对大量棘手问题，例如食物款式不多、分量不够、上菜速度慢等，还有客人投诉付了钱却没食物可吃，让他们顿感压力。

“我之前曾在素食餐厅工作，但由员工到做老板，差别很大。当老

祖籍福建的杨应邦创办素食自助餐厅“无肉食”，为食客提供多元化的素食体验

板，很多事情都要亲自决定，无论租铺、请人，还是素菜款式、味道咸淡、食物数量……全都要一一处理。但我们经验不够，自然常常‘甩辘’（粤语，意指失约）。”杨应邦坦言，开业初期，自己每天都是摸着石头过河，每晚和搭档开会检讨。“后来我们明白，自助餐一定要预留好菜式分量。食物何时上桌？何时替换？与厨房怎样沟通？这些都必须一点一滴累积经验，才能处理得好。”

说到餐厅的菜式，包括各道冷食热食素菜、沙律甜点，密麻麻放满整张自助餐桌。新光顾的客人，很多都会问杨应邦：“你们每餐提供这么多款素菜，怎样回本？”杨应邦笑言这些都是从经验中得来的经营之道，“单靠午餐人流量及收入，当然不够；但晚餐时段收费较贵，二者加起来便可拉匀成本。食物方面，我们亦有空间提供一些价格较贵的食物，例如珊瑚草，希望素食者吃得开心。”

开业第一天起，“无肉食”一直坚持选用新鲜食材。“午餐的蔬菜，皆是当天上午新鲜送来，交由厨房实时处理。晚市亦如是，蔬菜会到下午四点多才送抵。”杨应邦笑称素食者的舌头十分厉害，“食物是否新鲜、曾否冷藏，客人一吃便知。”

菜式的新鲜感，是餐厅留客之道。“我们在早、晚市均提供多款素菜。这些菜式，每天也会轮流转换数款，让熟客也能有新鲜感。”即使是餐厅招牌甜品拔丝，每天也会转换不同口味，杨应邦表示，“我也是茹素者，如果天天只吃那几道素菜，我亦觉得闷。将心比心，我们尽量提供不同款式素食，让客人每次来到，总有不同惊喜。”

素食超市:用丰盛食材普及素食文化

从制衣工厂到素食超市，祖籍福建福州的王世豪在其父母的影响下，坚持吃素已逾 20 年，更放弃了家族生意，从事素食推广。

王世豪的父母早年由福州前往香港，一待就是一辈子，并创办衣服品牌。由于信仰关系，王世豪的父母一直坚持吃素。受其影响，王世豪15岁时开始尝试茹素。王世豪说，虽然素食生活已为大众所接受，但不少人对素食文化仍存在很多误解。港人普遍认为“茹素”未能给予身体足够养分，容易造成营养不良。但事实上，大部分素食者的健康状况均属良好。一般人认为素食导致的健康问题，其实只是因为个别素食者偏食所致。另外，大众对素食仍停留于传统中式食物的概念，如素菜、豆腐、素饺等，觉得没有太多选择，味道过于清淡。然而，现在新式素食餐厅林立，食物的味道与外观变化较以往已大有不同。

因为自身喜爱素食，王世豪希望能通过自己的努力，向周围群众传达“素”的理念。于是，他将主意打到了自家企业身上——索性转型，在制衣厂房原址开设素食超市。

王世豪说，当时决定开设超市，是因为开办餐厅层面不够广，难以触及市面款式各异的素食种类。相反，超市能大量采购素食产品，从根源开始推广素食。自己将超市取名“甘薯叶”，即番薯叶，过去曾是被人嫌弃的食物，现在因为营养价值高的缘故，人们开始逐渐推崇。“番薯叶跟素食的命运相似，在过往不受重视，需要时间逐渐被发掘，才会备受关注。番薯叶容易种植，寄语素食在未来的蓬勃发展。”

作为香港第一家素食超市，甘薯叶素食超市提供超过700种素食产品，同时顾及不同类型素食者的需要，纯素、蛋素、奶素食品应有尽有。其中有400款属冷冻食品，包括素牛、素烧味等肉类代替品；又有不少素食点心、罐头和零食，绝大部分从台湾地区引进。“早期，因为自家生意，我曾多次去过福建，如福州、厦门等地，因素结缘了很多台商，也从他们那儿了解到台湾素食产业的发展情况。他们有很多产品，符合香港人的饮食习惯，很适合放到香港来推广。”王世豪如是说。

为确保产品质量，王世豪甚至曾亲赴台湾当地厂房参观，了解及监察其卫生环境和生产过程，并要求厂商提供素肉成分的化验报告。他认为，质量安全远比款式味道重要，坚持亲自试过后才引入。

在王世豪看来，现今香港，素食并未成为必需品，更未能取代主流

祖籍福建的王世豪创办素食超市“甘薯叶”，用丰盛食材普及素食文化

餐饮趋势，即使分店设于旺区也没太大帮助，暂时亦未能负担昂贵租金，因此甘薯叶素食超市仅设有三间分店。由于当初耗用庞大的创业资金，用作自置办公室、仓库、冷柜等，至今仍未回本。不过王世豪强调，开设甘薯叶主要是为了推广素食理念，生意反而是其次，最重要的是继续做好宣传教育，将素食文化逐渐普及化。

素食私房菜:推行素食更是推行闽菜

在香港，有一家“随心”素食私房菜，店主朱丹凤 2016 年从福建泉州移居香港，并将自己在晋江的素食餐厅一并开到了港岛。

说起自己的创业，朱丹凤回忆说，在泉州，自己有一位同学经营素食私房菜，经营顺畅，菜式别出心裁。有一次，这位同学邀请很多信佛的朋友去尝菜，她吃了之后非常感动，没想到素菜可以非常美味，于是她萌生了开店的想法。

“我从小就喜欢烹饪，接触素食是从祖母那一辈开始，奶奶信佛，在这种文化熏陶之下，全家人都信佛。”家人听到朱丹凤打算开素食私房菜，十分支持她。

朱丹凤在泉州的素食私房菜馆是用自己的公寓改装而成，经营也一直很顺利，有固定的客人，用餐者甚至多达有几千人。于是，朱丹凤决定南下开创一片新天地。她将目光放在了美食天堂——香港。

“选择香港，一个是因为这里美食店林立，很适合挑战自己，另一方面，也是因为这里福建籍的居民多，我的私房菜在口味上能够更好地贴合。”2016 年朱丹凤移居香港后，第二年 9 月便在观塘一间工业大厦开设素食私房菜。

这个年代在香港创业，难道一点困难也没有吗？朱丹凤说，她遇到最大的挑战是语言，她的母语是泉州话，平时也会说普通话。但她来到香港，为了适应环境，一定要学会广东话，她现在也听懂一点广东话了。除此之外，经营上没有遇到难题。

在香港开素食私房菜这么多年，朱丹凤觉得，自己遇到最开心的事情是客人很满意她的私房菜，吃后赞不绝口，这让她感到欣慰。朱丹凤认为，素食是否美味，主要取决于食材。选食材一定要新鲜，尽量保持原汁原味；她也尽量少用调味料，以提升食物的香气。同时她也认为，吸引顾客，最主要是菜谱要有自己的特色，不要模仿别人。朱丹凤在原有福建菜的基础上，还加入别的菜系风格。

朱丹凤定期回泉州，每当她回泉州时，泉州的素食私房菜会重开，香港的则暂停营业。当她在香港时，情况则相反。对此，她笑着说："我经营素食私房菜很随性，也很任性。"

"从大环境看，茹素在未来是一个趋势，因为素食带来健康，提升正能量。"现今，经营素食店的人愈来愈多，但朱丹凤认为对自己的生意没有多大的影响，因为每间店的素菜风格不一样。在朱丹凤心里，开素食店的目的不是想赚多少钱，而是推广素食文化，传递健康的讯息，这是一件有意义的事。

地处岭南，气候湿热。香港与福建一样，几乎家家都有“煲汤”“饮凉茶”的习惯。中医药食同源的饮食文化家喻户晓。对于香港普通市民来说，清热解毒的药膳汤早已融为日常生活的一部分。随着素食养生文化的兴起，用中药材炖煮素菜，也成为进补养生文化的一大特色。

香港凉茶药材大部分来自福建

闽南药膳文化走红香港

文 / 司雯　图 / 洪少葵

常言道：药补不如食补。中华饮食文化发展至今，已经形成了相当完善的膳食理论以及饮食搭配，人们一直相信医食同源，药膳食疗是中华美食的精髓。特别在闽南与珠三角地区，不少家庭都有一手煲老火靓汤的绝招，人们会根据时令选择草药煲汤来调理身体。随着闽人与粤人的入港，这些习俗也被带到了香港并得以延续。于是，在香港，我们常常能发现各式各样的食补药膳与中草药凉茶。其中，不乏素食养生药膳的身影。

植物性药材很"素"配

"香港人一向习惯以中药治病，香港社会十分重视中药的运用。以往不少人对中药的味道十分抗拒，但当中药结合其他食物一同烹调，中药的味道往往被其他食物掩盖，自然较易为人所接受。加上食肆为吸引顾客，也会创作出不同的新口味。很多人吃过药膳后，也会对药膳有新的看法。"香港中文大学中医学院讲师李宇铭说，药膳具有食物的色、香、味，再加上药材本身的疗效，因而愈来愈流行。现今，香港开设了不少以药膳为主的食店，为本地人提供了更多能够食用药膳的地方，很多食肆为了迎合本地客人的口味，相继推出药膳。

"一般而言，吃素民众通常不会吃药膳，因为很多药膳都含有动物性成分。"李宇铭说，香港的素食族群人口逐年增加，衍生出素食者能不能吃中药的疑问。中医所使用的中药，主要是来自大自然的植物、动物及矿物，有些中药的来源是动物，所以对于素食的民众而言，或许会是禁忌。

李宇铭指出，有些中药材从名称上可看出是动物性药材，而有些植物性药材如鸡血藤、肉苁蓉、猪苓、淫羊藿、肉桂等，容易被误认为动物性产品。“但其实，常见的食补药膳多是植物性中药材，吃素的人群完全不用担心。”

如今，针对素食人群想要用药膳进补的愿望，香港的一些素食餐饮店也推出了专门的素食药膳。三德素食馆里的豆腐冬粉羹、核桃芥菜心与八宝胚芽米粥都有中药入食，是非常适合进补的素药膳。总厨杨师傅介绍，素药膳大多使用枸杞、香附、当归、熟地黄等常见的温补中药材入菜，适合吃素民众食用，有助预防疾病、改善体质。

“细数香港的素食药膳，有不少是从闽南地区沿袭而来的。”李宇铭说，闽南有许多独具特色的药膳汤，这些药膳汤进入香港后同样备受欢迎。一些素食业者将之稍加改良，做成了适合素食者食用的药膳。

三德素食馆的招牌菜“当归四神汤”，就是从闽南地区传承改良而来。杨师傅说，自家的当归四神汤基本沿用闽南地区的古方，由四味中药（芡实、莲子、淮山、茯苓）加上当归作为炖煮的材料，只不过主料由原来的猪肚换成了猴头菇，同样能够利湿、健脾胃、养心安神、增强免疫力、补血活血、改善疲劳。

“常见的食补药膳如十全大补汤、八珍汤、四物汤、四神汤等，都是植物性中药材，只要稍加替换一些食料，就是很合适的素药膳。”在李宇铭看来，素食药膳也并不是随便食用的，大家要懂得怎么均衡吃素。“中医有一个观点叫作‘三因制宜’——因时、因地、因人制宜。要按照不同的四季不同的食物，选择含当季食材的药膳来吃。另外，每个人的体质不一样，身体比较寒的人就不能吃太多寒凉的食物，所以还是要按自己身体的情况选择不同的药膳。”

凉茶药材大部分来自福建

在药膳之外，以中草药为原料的传统保健饮品——凉茶，也是香港人日常生活中离不开的食物。

凉茶，始于成汤，兴于闽粤。随着早年闽粤两地同胞入港打拼，凉茶也开始逐步兴盛于香港地区。2006 年，凉茶成为国家级非物质文化遗产，奠定了它在中国传统饮食文化中的显赫地位。这一碗或苦或涩，或甜或甘的凉茶，最终成为勾连闽粤港三地的文化符号。

香港人饮用凉茶历史悠久、代代流传、相习成俗。凉茶，是香港人日常生活中不可或缺的生活元素。走在香港的大街小巷，常在不经意间就看见一家家凉茶铺，那古色古香的招牌，锃光瓦亮的铜茶壶，带着淡淡药味的茶香，别有韵味。

凉茶的历史由来已久。南方多雨地湿，自古多有“瘴气”，所以民间流行以药性寒凉、解暑消毒的中草药，熬水来喝，称为“凉茶”。“熬煮凉茶，需要用到多种中草药，这些药草很多都是福建的特产。”福建省健康产业协会中医药分会荣誉会长李俊德说，福建多山区，药用植物满山遍野，是取之不尽、用之不竭的天然药库。历代先民为了除湿祛热，适应环境，消除“热气”，各施各法创造出多式多样的“凉茶”。由于此法有效，随着人们交流日渐增多，凉茶被带向全国，成为中华药食同源文化的代表。

20 世纪四五十年代，一大批福建人赴香港打拼，他们发现当地的环境与福建非常相似，同样近海，更潮湿温暖，当地居民饱受“湿热”的困扰。于是这些福建人拿出了自己家乡药性寒凉、清热生津、祛湿解毒的特色药草，煎煮成各色各样的汤剂饮用。很快，凉茶开始在香港盛行起来。

早期的凉茶店，多沿袭福建当地特色，以家庭作业模式为主，独沽一味，多数是前铺后工场的格局，店前放满一碗碗凉茶，店内有数张桌子，顾客可以坐下或者站在店前喝凉茶。店后则设有熬制凉茶的厨房，凉茶煮好后，随即倒进店前的大铜壶内保温备用，往来的客人随买随饮，一口饮尽，接着赶路逛街。

随着素食和健康理念的流行，香港传统凉茶行业开始引入“药食同源”的概念

香港凉茶已有近百年的历史，配方 30 余种。目前香港市面流行的仍有 20 余种，主要功效分为苦寒去火除湿、甘凉清热除郁、甘凉清热润燥 3 种，有单味和复方。“每家都有自己稍微不同的配方，而且材料的药性繁多，令人难以学会及理解其制法，所以很多创业多年的凉茶铺都是以世袭的形式经营，一代传一代。”在香港经营凉茶三十多年的林老板说，由于香港制作凉茶所需要的药材多是从内地购买。“大部分药材来自福建，一方面福建多山，气温适宜，各类中草药繁盛。另一方面，凉茶的配方多是由福建的传统配方改良而成，本身所需要的药材就是福建当地特产。”

如今，在素食与健康理念遍行香港的当下，传统凉茶行业也开始引入‘药食同源’的概念。原本在香港被凉茶始终压了一头的龟苓膏、

龟苓膏、仙草等中草药制品渐渐出现在凉茶铺子里

仙草等中草药制品，也开始渐渐冒头。林老板说，他曾专门到福建泉州一带了解仙草和石花的制作工艺，熟悉当地凉茶制作方式，并引进当地药材，在自家凉茶铺里售卖福建闽南地区的清凉美食。

为开拓更大的市场，香港的一些凉茶老店开始把自家凉茶重新包装，有些还销售到福建地区，制作工艺上也突破创新。有些凉茶企业，把凉茶浓缩成颗粒冲剂，以便贮存携带，用者只需以热开水冲泡，便可随时饮用；有些推出便携式罐装、纸包装或瓶装凉茶饮料。

关于药膳与凉茶的故事经久不衰。数百年来，盛行于福建、广东、香港、澳门的中药养生食补，形成了一条岭南文化的独特风景线。在与素食的相结合下，焕发出新的潮流文化。

离乱中的骨气、志气，归来后的元气、锐气，养成了澳门的开放与大气。在这里，一切原本矛盾的东西变得协调起来，散发出独特的澳门味道。

我素我行

图 / 张智坚

走在具有“东方拉斯维加斯”之称的澳门寻味素食，既可以看到古色古香散发东方文化的传统庙宇，又可以看到庄严肃穆的天主教堂和欧式建筑。受葡萄牙航海文化的影响，澳门成了欧洲、非洲、印度、东南亚等地区饮食文化的聚集之地，素食文化也不例外。

以昔日望厦古村命名的望厦山房

镌刻在中西方文化夹层的素食图腾

文 / 张铮　图 / 张智坚

大隐于市，小隐于野，说的是澳门的历史。百多年前，越过水坑尾门一路向北，是澳门华人村落所在。望厦、新桥、沙梨头、塔石……这些熟悉的地名源于消失的村落，尽管它们只是宁静的小村庄，却默默地编写了澳门历史的一章。身处其中的我们，打开的不只是一个个精彩纷呈的素味锦囊，更走进了一段关于闽澳交流的历史之旅。

望厦往事，安之若"素"

在澳门的众村落中，位于美副将大马路的望厦古村，规模数一数二，历史悠久。尽管如今望厦山下早已是车水马龙，高楼林立，但遗迹依在，诉说着那日渐远去的回忆，提醒着世人这里曾是宁静的望厦古村。

望厦村名字的由来，藏着在外游子的无边乡愁。据说，"望厦"一名有"回盼福建厦门"之意。另外，村落又名"旺厦"，顾名思义是兴旺厦门，由此可见村民以闽籍人士居多。

望厦山下的观音堂是素食义工世伟的服务对象。他祖籍福建石狮，45 年前，他的父亲迁居澳门。工作之余，世伟总是抽出时间为佛教寺院、道场等，提供关于 IT、平面设计、拍摄等支持，已经坚持了 7 年之久。

"从小，爷爷奶奶便以传统文化教育我们，时常为我们讲一些经典文化作品。在我的价值观里，诸多观念深入骨髓——其一是要孝顺父母、关爱兄弟姐妹；其二要做到谨言慎行，诚实守信，要爱护所有的众生。如果有多余的力气和时间，要多行善，学习其他有益的学问。"世伟回忆道，久而久之，行善就成了己任，更成了习惯。

如今世伟还是会经常回到福建看望祖父母，尽管祖父母并不是完全意义上的素食者，但对世伟的决定表达了充分的尊重与支持。在成为一名全素者之前，世伟与家人在一些佛教的特殊日子里也会食素。“如果对素食有更深的了解，你就会知道人体的消化器官为素食而生，人类是适合吃素的。”茹素七年，世伟对于如何吃素更健康有了许多心得体会。

漫步于望厦山中，在望厦炮台的斜坡找到澳门旅游学院教学餐厅，从葡萄牙风味的素食中忆风云变幻的往昔。我们不禁回想：到底百年前望厦村民的生活是怎样的？村民耕田而食，凿井而饮。在村落以南一带是农田沼泽，阡陌相望，村民在此耕种。当时，澳门农田出产除了稻米、瓜菜之外，还有茉莉、西番莲、凤尾草、西洋牡丹等花草。村民们住在望厦的山边，家中有屋又有田，生活乐无边。

尽管望厦村经历城市化发展后面貌早已面目全非，但相较其他村落，一些遗迹如庙宇、宗祠及街巷依然保留。一砖一瓦一故事，留下过去的痕迹。正如世伟祖父母对他的谆谆教诲一般，是刻在骨子里的记忆，是坚守一生的信念。

妈阁古迹，寻一方宁静

沿着前山水道一路向南，在距离望厦山 3 千米左右的地方，是号称岭南三大妈祖庙的澳门妈祖阁。作为澳门最古老的庙，五百年至今香火没有断续。

“你可知 Macau，不是我真姓……”二十余年弹指一挥间，这首跨越时空的《七子之歌》经过岁月的洗礼依旧光芒熠熠，成了内地与澳门血脉同心的经典之音。歌词中的“Macau”，指的就是妈祖阁。这一建筑记述了澳门最早的居民之一就是来自妈祖的故乡——福建。传说，第一批葡萄牙人抵达澳门时，就在妈祖阁附近登陆，于是询问当地名称，居民误以为指庙宇，回答“妈阁”，葡萄牙人遂以其音翻成“Macau”，近似闽南语“妈港”的发音。

在寸土寸金的澳门，现有妈祖庙近十座，而且庙龄都在百年以上。“我妹妹曾经去过厦门的南普陀寺，并在参拜过后品尝了南普陀素菜

观音堂由早期聚居望厦的福建、潮州人士所建

妈祖阁系澳门最古老的庙，最早为福建人所建

馆的素食，我们感到非常特别。”茹素超过二十年的 Cass 介绍道，若你在参拜妈祖后希望品尝素食，需要沿着河边新街步行 2 千米左右找到最近的“紫来坊”素食餐厅。

走进紫来坊，你会感受到浓浓的粤家风情。白墙瓷砖清新淡雅，竹椅木桌质朴简单。用明亮的紫色桌布为环境添一抹亮色，略显寡淡的装饰多了几分活跃与俏皮。没有奢华的装修，正如茹素者的心境一样宁静，与澳门低调不张扬的城市气质十分契合。紫来坊主打“私房菜”，没有气势磅礴、张扬大气的大菜风范，而是“善烹小鲜，可治大国”的精致之感。

距离紫来坊不到 100 米的地方，是另一家名为“尚膳蔬食”的素食餐厅。作为高颜值的新派素食餐厅代表，其颇受年轻食客们的喜爱。店内装饰主打绿色田园风情，所至之处皆有绿叶鲜花装点，墙上用具有欧式风格的壁纸点缀。若你是一位拍照爱好者，那么一定会爱上它。这里可供选择的菜品不多，但菜色经常更新，丝毫不用担心“选择困难症”。

而对于素食这件事，尚膳蔬食的老板有不同的见解：“推动绿色饮食，最希望的是可以推动新一代更了解健康生活，重视环境保育的问题，最起码可以学会珍惜大自然资源。”因此，在尚膳蔬食坚持不推出任何仿肉的菜式，而是重视保留原材料的天然口感和风味。置身于淡雅舒适的环境之中，以更贴近自然的方式，寻味食材本真，行走的脚步似乎又慢了几拍。

海上寻素，感受非遗民俗

吃饱喝足后，来到妈阁码头体验一下澳门特色的“澳门海上游”。航线由青洲塘出发，经内港至观音莲花苑对开海面。沿途除可观赏内港、妈阁庙、澳门旅游塔、观音莲花苑及澳门科学馆的风光外，船上还设有渔业专业人员讲解，介绍渔船出海作业和渔民的生活情况，透过观光活动推广本地渔业传统和澳门海洋文化特色。

20 世纪 70 年代之前，渔业一直是澳门三大经济支柱之一，闽商与水手到澳门的数量不少。据记载，1831 年澳门停泊的船中，“来自福建厦门者八十艘、来自福建漳州府者一百五十艘。”澳门到福建有近 1000 千米水路，在两地间航行的船舶至少在中型以上，所以，每艘船上的福建水手与商人应有数十人至上百人。由此可见，当时每年由福建到澳门的商人水手会有数千人至上万人。

长期的海上漂泊生活吉凶难料，渔民们只能祈求神灵的庇护。而在渔民的海神信仰中，就以朱大仙信俗最为独特，是流传于本澳部分渔民之间的信仰习俗。

大澳渔民举办的朱大仙水面醮会，是水上人家每年的盛事，五月中旬开醮，连续三昼夜，以一套完整的传统仪式进行，其间香火缭绕不绝。醮会的祭台设在水面，由三艘连环船组成，渔民将三艘渔船用绳索牢固系稳，预防海面风浪，保障在船上活动的人不生意外。船上空间狭窄，不舞狮不舞龙，有别于陆上的其他醮会。打醮期间，部分渔民会准备一些打醮完毕后派发给信众的食品，包括水果及一袋袋装满粉丝、发菜等煮斋用的干货，这些物品都是在打醮期间存放于船上的，有吉祥的寓意。渔民组织能力颇强，醮会安排井井有条，例如打醮日期向朱大仙神坛投筊杯决定，由“契爷”话事，第三者作主。虽然打醮的目的是为了祈福，但这期间亦为渔民造就了聚旧和联谊的机会。他们一年到晚忙于出海作业，鲜有机会聚首一堂，所以不少渔民趁打醮期间一边畅享素食，一边闲聊玩乐，是一年中难得的享乐时光。

而关于朱大仙的真实身份，仍然是个谜。有人说他是福建人民为掩护反清复明而虚构的神祇，以便革命人士借拜神或庙会进行串联，也有人说他是大禹化身。但不可否认的是，宗教的神秘与市民的烟火气形成了一种特别和谐的气氛，这也是澳门令人流连忘返的文化魅力。从风格迥异、品类繁多的素食餐厅中，我们得以窥见东西方文化交汇熏养了多姿多彩的澳门，历史的沉淀赋予小城独一无二的文化气象。澳门是一本小而精的书，怎么翻也翻不完。难怪连澳门的朋友也自我调侃，他们自己也不了解澳门。

贴有“荤素共融”标志的素食餐厅一角

福建与澳门之间的渊源，最早可以追溯到元朝初期。在一次次闽澳迁徙中，福建人的饮食习惯、生活理念、思考方式等，或多或少地对当地社会产生了一定影响，同时他们自己也被同化着、改变着。

从影响他人，到回归自己

文 / 张铮 图 / 张智坚

据非正式的说法，澳门地区有十余万闽籍乡亲，约占全澳人口四分之一。随着大批的福建人移居澳门，许多福建菜也在澳门落地生根，素食也是如此。这种独特性不仅体现在素食所选用的食材、烹饪的技法、独特的菜系上，同时也体现在饮食风俗方面。更重要的是，福建人开放包容、善于经商、勤奋吃苦、敢于创新等性格特质，也体现得淋漓尽致。

开放包容，荤素共融

走在澳门的街头寻味素食，你可以看到种类繁多的素食餐厅，有传统的，也有新派的，无论你喜欢什么口味，都能与之匹配。

为了更好地推广素食文化，澳门素食协会推出了“澳门素食地图”，以满足素食者、弹性素食者、欲由荤食转素食之人士的需求。地图上几乎涵盖了所有的澳门素食餐厅，总数近70间，每一间都在澳门素食文化协会的官网上有独立的链接。而这背后离不开两位素食义工的默默付出——陈祉澄与许青，查地址、找资料、写简介的工作，均由她们二人完成。

陈祉澄的丈夫吴晓伟，是澳门素食文化协会的创办人。坚持茹素超过十年的吴晓伟祖籍福建莆田，在澳门长大的他也见证了澳门素食的发展：“如今，在澳门食素比十年前容易多了，本地的素食餐馆及素料专门店由以前的几间发展到现在七十间。食素者在不断上升中，当中不乏年轻人。”

让素食渗透到人们的日常生活，“荤素共融”是很好的手段。“澳门素食地图”中设有的“荤素共融”专页，里面均为开放包容、有荤亦有素的餐厅。你可能会诧异，“有荤有素”这不是所有餐饮店的常规设置吗？但“荤素共融”餐厅的概念并非如此简单。一方面，这间餐厅必须设有独立的素食餐牌，另一方面，餐厅至少要有两款纯素餐品（即连蛋奶都没有）供食客选择。

吴晓伟为荤素共融的餐厅设计了一款贴纸，贴纸上的荤素二字大小、面积是一样的，意味着荤素平等。将这张贴纸贴于门店，是希望让素食者感受到尊重，而荤食者也能知道，有人是食素的，素食需求同等重要。“我们见过很多夫妻，因为饮食观念的差异最终离婚了。这种荤素共融餐厅的最大意义就在于可以让素食者与非素食者同台吃饭，各自修行。”吴晓伟如是说。

坚守本心，传递善意

如果来澳门旅游，幸运的话，你可以领到“免费的午餐”。尤其是在农历初一、十五这样的日子里，你会看到许多素食店门口排着长长的队伍，等待素食店的免费派斋。但派斋这件事并非澳门所特有，对素食不了解的人可能少有听说，许多素食店里都会有类似“供斋”的活动，指的是向出家僧众提供斋菜供养，而后发展为向大众提供免费素菜餐食的形式。

在澳门经营了近二十年的“一方斋”，是最早在澳门经营的素食店

“一方斋”在澳门经营了近二十年，图为素食版的福建面线糊等小吃

之一，同时也是最早在澳门派斋的素食店。

20 世纪 70 年代末至 80 年代初，内地实行改革开放政策，福建各地有五六万人经过办理正式移居手续来澳门定居，以晋江人居多。“一方斋”的经营者吴淑珠，就是这一时期移居澳门的晋江人。“我母亲的故事，是典型的福建移民奋斗的故事。”吴淑珠的二儿子蔡奕忠笑着说。

1982 年，刚刚在晋江完婚不久的吴淑珠随丈夫移居澳门，那年她只有 22 岁，三年后，他们的第一个儿子出生了。机缘下，她开了这间名为“一方斋”的素食快餐店。当时，澳门几乎找不到一间素食店，素食文化不够普及，“让更多人吃素”这样简单的理念，支撑着吴淑珠一路勤勤恳恳走到今天。

在蔡奕忠的成长记忆里，最多看到的就是母亲的背影。早六晚八的经营时间，意味着母亲总是早出晚归。读书时，他总要在放学后赶到店里帮忙。他告诉母亲，自己大学毕业后要回到店里为母亲分忧解难，但母亲却要孩子们要有更开阔的视野，多到外面看看。而吴淑珠自己，却坚守着这间不大的素食店。

“一方斋的价格，便宜到让我觉得他们根本没有利润，完全是为了做而做。”有一方斋的食客这样评价道。即使物价飞涨的今天，一方斋仍然坚持 23 澳元币（折合人民币约 18 元）一个盒饭的价格，同时管够、管饱。而在“菜比肉贵”的澳门，普通的一道素炒青菜，四五十澳元币（折合人民币 30 ～ 40 元）其实是极为正常的价格。“只要不浪费，不怕人多吃。”蔡奕忠说。

尽管一方斋的菜品与店面，并不能称之为精致，却实实在在地帮助了无数经济可能并不充裕的人吃饱、吃好，哪怕他们并不是素食者，却因一方斋与素食结缘。正如一方斋门口被岁月洗礼的两句话——一心清净菜根甜，方寸宝田真机显。“这两句的意思是，世间万物皆为平等，都有自在灵性。素食是明白世间真理，懂得人生真正的意义。”

素食版的川香麻辣炸鱼柳　图 / 我行我素

这句话在珍贵的心念下历久弥新，闪闪发光。

敢于创新，我行我"素"

许多外地人对澳门人有句评价，叫作“澳门人不怕请客”，意思是说澳门人请客人吃饭，决不会为请吃什么饭而发愁，保证会让你吃到独具特色、别处没有的菜肴。因为，澳门可谓荟萃了东西南北的美食。若你想在一家素食餐厅里同时尝到澳门菜、广东菜、上海菜、日本菜、韩国菜和泰国菜，那么非普善斋莫属。

茹素近十年的陈美香决定开一间素食餐厅，原因是想让更多长期吃素的人找到方便且价实惠的素食，普善斋的三位管理者陈美香、施安达、吴文婷都是不同时期移居澳门的福建人，沿袭了福建人敢想敢做、勇于创新的精神，在经营过程中，他们不断挖掘素食的吃法，不拘泥于任何一种菜式，让食素这件事变得有趣而丰富，创意满满。

对于经营，普善斋有一套自己的理解：“经营素食餐厅也要跟紧时势，要懂得转变和更新口味和菜式，不能因为是素菜就一成不变。”普善斋的仿荤食几乎可以以假乱真，凤梨虾球、冬阴功鱼、海鲜比萨、蜜汁叉烧……这些看似“荤菜”的菜名，实际上背后的原料都是素食。“仿荤食让很多没有吃素习惯的人，在食素后有惊喜的感觉，从而慢慢过渡到吃素，并爱上吃素。”陈美香解释道，这些仿荤的原料大多数为豆制品或魔芋，既能提供素食的蛋白质营养，又有具有丰富的口感，是很好的肉食替代品。

与此相映成趣的是在澳门黑沙环东北大马路上的“VEGA VEGA 我行我素”素食餐厅，同样别有一番风味。作为澳门具有代表性的新派素食餐厅，“我行我素”甚至成了去澳门必打卡的素食餐厅。正如餐厅的名字一样，祖籍晋江的老板施星伟是位很有想法的创业年轻人。

不同于许多人的因吃素而选择开素食餐厅，施星伟恰恰相反，他是先开素食餐厅后而选择吃素，也无关信仰或宗教。正因如此，餐厅里似乎多了一些轻松和活泼的气氛。店内整体装修为工业风，以黑白色为主调，衬托着木枱和绿色沙发，简约却不失时尚，是一间走年轻路线的环保素食餐厅。店内提供各类纯素、蛋奶素及五辛素餐饮，主打多款中西融合的创意素食菜式，一改大众刻板印象里“斋菜”的枯燥乏味，打破素食单调化，吸引了许多崇尚健康、清淡饮食的年轻人前来尝鲜。

菜式繁多可供选择，黑松露杂菌意大利薄饼、金菇秀牛肉丼饭、青酱松子意大利阔条面、榴莲比萨等，而原料都是素肉。此外还有多款全素、奶素、蛋素等等的西式素食轻食及蛋糕甜点可以选择，吃完素食午餐来份素食下午茶，生活的节奏也慢了下来。

如果你想在用餐后带走一杯素食奶茶，也是一个非常不错的选择。没有牛奶的奶盖茶是怎样的呢？我行我素的奶盖茶原料用坚果、素奶油和豆奶制成，取代传统肥腻奶盖的做法，用豆奶去代替牛奶，抿一口就能品到浓浓的豆奶味，美味、环保又健康。

不仅如此，在餐厅的一方小小角落里还放有素零食，有纯素巧克力、脆米饼、薯片等可以选择购买，同时还可以选购环保餐具。“在我看来，一间素食餐厅可以影响到的范围，不仅是在这个场所里吃素的人，更重要的还有你身边的人。当然了，还有你自己。”施星伟如是说。

新猪肉以豆类、香菇和米为原料，模仿猪肉肉馅　图 / 我行我素

食素者，多讲究“结缘”。在澳门，三位不同行业的素食者因素结缘，怀着对素食的喜爱，彼此结下了很深的友谊。他们的背后有着不同的素食故事，却有着更深的渊源——祖籍福建。他们彼此陪伴，让素食这件事变得更加温暖而有爱。

时光缱绻，凝聚爱与素食

文 / 张铮

那些关于味觉的记忆，总是更清楚而直接。在素食者们寻味素食的过程中，可能会历经坎坷，也可能会不被理解。但心中怀揣的热忱，以及对真味的追求，成了他们素食之路上不断坚持的动力。

澳门素食文化协会创办人 吴晓伟：

为“素宝宝”吃得健康而努力

出生在澳门的吴晓伟祖籍福建莆田，在疫情发生前，他与太太时常回莆田看望祖父母。回忆起在家吃饭的日子，夫妻俩印象最深的便是那道“福建炒米粉”，但由于里面会放海鲜，只能一一剔掉海鲜再品尝米粉。家人们刚开始也会担心地问：只吃素，够不够营养？长久以来，吴晓伟用实际情况，打消了家人们的顾虑。

吴晓伟与太太陈祉澄从 2011 年开始常吃素，四年后正式成为了素食者，陈祉澄在孕期一直保持素食，2018 年，诞下了一位健康可爱的素宝宝。“孩子出生后，我们开始意识到，尽管成年人在素食还不够普及时可以‘将就将就’，但孩子可不行。素食并不意味着只吃清汤寡水的青菜，如何让孩子能够在吃素的同时也能健康成长，是我们始终思考的问题。”说到这里，吴晓伟回忆起了一件令他气愤不已的事。

孩子一岁多时，吴晓伟夫妻送女儿去托儿所，为了能让她继续食素，夫妻俩几乎找遍了澳门，终于找到了一家愿意提供素食的托儿所。然而后来他们才发现，这所托儿所提供的素食，居然只有米饭和青菜，连最基本提供蛋白质的豆类、坚果都没有！这根本不是营养的素食餐，怎么能让一位 1 岁 4 个月的宝宝健康成长呢？“我们找托儿所理论，可他们却推脱说这就是素食，素食就是没有营养的！”吴晓伟感到非常气愤与失望，更深感素食普及的艰难。

因此，为了能让更多像女儿一样的“素宝宝”吃上健康、营养、科学的素食，吴晓伟与一群志同道合的素友在 2020 年成立了非盈利社团“澳门素食文化协会”，以期普及素食文化，为素食者及为由荤转素的人们提供帮助，解除大众对素食的疑虑。

“至少，我们希望社会能知道，澳门有一群素食者，他们也有自己的需要，外界能用接纳、包容的眼光看待素食，创建一个对素食者包融共融的环境。这样一来，无论素食的大人还是孩子，也能容易一点，不要再走辛苦路。”吴晓伟感叹道。

尽管时至今日，夫妻俩还会碰到不理解的人们，认为他们坚持素食是一件很可怜的事。但在坚持素食的道路上，他们也结识了很多志同道合的人，透过协会这一平台彼此分享素食知识，也为澳门素食与各地素食交流添砖加瓦。不仅如此，有很多想要食素，但迟迟不敢迈出第一步的人，也通过协会获得了帮助，成功走在了素食之路。

澳门素食餐厅"儒意斋"经营者 吴美霞：

为爱远嫁，用素食寻味乡愁

我们总会在离家很远的地方，不断地寻找着离心最近的味道。对于远嫁澳门的吴美霞来说，在异乡努力靠近熟悉的福建口味，是她表达思念的一种方式。味蕾告诉我们，故乡本就应该弥漫在食物的香味里。

与吴晓伟夫妇相似的是，吴美霞决定开一家素食店的初衷，也是为了让家中的三个孩子能吃到更为健康、营养的素食。2017 年，毫无餐饮从业经验的她在经过深思熟虑后，素食小店“儒意斋”正式对外营业了。

经营初期，店里的大小事物仅有吴美霞一人负责，从食材采购与制作到餐厅的运营事无巨细。然而，由于缺乏经验，店里生意惨淡，甚至有一天只卖出了一餐。短暂的颓丧过后，吴美霞打起精神，寻求解决问题的方法。她发现素食店里的菜单主要以家常菜为主，没有特色，因此她在努力提升厨艺的同时，还不断思考如何打造具有餐厅独特性的素菜。

“远嫁澳门多年，我时常想念家乡的美食。特别是母亲包的那枚粽子，有棱有角，好吃又好看。起初是因为想念妈妈的味道，学着自己包，得到了家人朋友们的肯定后，我又尝试在菜单里加入了‘福建素粽’，获得了很多顾客的喜爱和预订。”吴美霞笑着说，端午节的时候，店里能卖出超过 2000 个粽子，就连平时也常有客户前来预订。

“母亲尝过我包的粽子后赞不绝口，因为我加了很多黑糯米、红米、糙米、白糯米等，比她包的要更有营养、更健康。”吴美霞自豪地说道。此后，她将更多福建美食改造成素食版本，面线糊、油饭、卤面、五香卷等，“希望能给和我一样在澳打拼的闽南同胞解一点乡愁！”

正因如此，儒意斋里的素食，潜藏的不仅仅是美食对味蕾的冲击，还更多了一份乡愁。那些带有家乡符号的食物味道，通过岁月的沉淀与发酵，化为梦里故乡的一部分。“澳门有多个地区的人群，为了能让更多人品尝到家乡的味道，也能品尝各地的美食，我又陆续将各地的特色美食打造出素食版本，希望能唤醒更多在外游子的乡愁记忆。”吴美霞说。缅甸鱼汤粉，台湾红烧面、柳州螺蛳粉、云南过桥米线……这些来自五湖四海的美食，都能在儒意斋里得以品尝。

如今儒意斋的生意愈发红火，店里也请了两名帮工，吴美霞每天过得忙碌而充实。聊天接近尾声，她表示正要继续包粽子，有一位顾客刚刚来预订了 100 个素粽。“这位预订的客人是福建人吗？”我问道，吴美霞笑着说：“不是，但让更多人爱上我的家乡味道，我很高兴。”是啊，谁能拒绝这样一间充满爱与温度的素食餐厅呢?

Facebook 小组“澳门爱素食”创办人 陈美萍:
因素结缘，共寻生命真味

对于祖籍福建却从未回过祖地的陈美萍来说，“福建”是个熟悉又陌生的名字。80 年前，陈美萍的祖父从金门移居新加坡，从此故乡就成了远方。“当年因为战争，许多福建人逃亡东南亚，我的祖父便是其中之一。”陈美萍回忆，记忆中祖父是位寡言少语的人，偶尔说话，说的也是闽南语。好在新加坡的华人众多，而福建人尤其多，毫不夸张地说，几乎每个人都会讲几句闽南语。正因如此，出生在新加坡的陈美萍，却有着地地道道的福建口音。陈美萍的婆婆也是福建人，但由于时光久远，她已记不清自己具体是福建哪里的人，可却唯独将福建五香卷的做法深深地印在了脑海中，并成了她的拿手好菜，甚至还以此俘获了陈美萍的味蕾。逢年过节，家里人最期待的便是这一道小食。

八年前，陈美萍来到澳门生活，或许是刻在骨子里的故乡情结，她格外喜欢儒意斋里的福建特色素食，与老板吴美霞成了好友。“人生在世，能找到志同道合的朋友不容易，能找到一起吃素的好友更不容易。”陈美萍笑着说，自己是个幸运的人。刚来澳门那会儿，她不知道到哪里吃素，更不知道和谁吃素，于是抱着试试看的心情，在 Facebook 上成立了一个小组“澳门爱素食”。让她没有想到的是，越来越多素友加入其中，彼此分享素食经验，组织线下群友聚会，一起去新开的素食店里“探店”。如今，“澳门爱素食”已发展成为 Facebook 里澳门最大的素食小组，共有一万六千多名群友，这对于总人口也不过四十万出头的澳门来说是非常不容易的一件事。

随着小组人群的增加，陈美萍与群里几位热爱运动的素友一同组成“素食龙舟队”参与澳门举办的龙舟赛事，一是国际龙舟赛事，二是规模相对小的中秋节本地赛事。2018 年，素龙队参与了第一场比赛，由于队员有限，只能参加中秋节的小龙舟比赛。对于素龙队来说，参赛固然是大事，但另外有一件大事对参与者来说更加迫切，那就是“找素”。“我们希望通过参与龙舟比赛，让更多人知道，吃素也可以很健康，吃素也可以很强壮。”陈美萍表示。

素龙队的成员中有不同程度的素食者，也有技巧各异的龙舟运动员，但他们向往素食与健康生活的目标并无二异。因为共同的素食理念与对龙舟运动的热爱，来自各地的素友拉近了彼此的心灵距离，感受到如同归家一般的温暖。在激烈的竞赛中同舟同心，在“找素”的过程里分享了美食与欢乐，无可避免地，他们都变得比从前更满足，胃口满足之余，心灵更满足。

厦一站

潮水送走了过唐山、下南洋的船，又迎来了新一代的素食者。同先辈一样，他们以食物为媒，尝试与厦门这座城市建立起新的联系，并滋生新的乡愁。

我素我行

图 / 无味舒食

过去的厦门是华侨下南洋的起点之一，如今同样见证来自东南亚各国的华侨后代、港澳台地区的年轻一代再次“登鹭”，为这座城市带来新事物、新风潮，包括来自各地的素食文化，其中颇具地域特色的素食食材、与时俱进的食素观念与厦门在地悠久的素食传统相互碰撞、融合，潜移默化地推动着厦门素食的发展。

越来越多的厦门年轻人爱上素食　图/睦谷

风从厦门来

文 / 郑雯馨

作为一座海港之城，厦门见证了无数福建人远渡重洋，当他们迎着潮风抵达港澳、台湾及南洋，并在新城市开垦、拼搏之际，能够予以他们慰藉的除了从故乡带去的信仰，便是故乡的味道。从故乡带去的食材、家常的烹饪方式，渐渐地同当地的饮食相融合，当他们再度踏上福建的土地，在餐桌上吃到熟悉的滋味时，白发苍苍的老者回味着乡愁，意气风发的青年则感悟到自己与这片土地存在的微妙联结。

这两种情愫同样体现在素食上。毫无疑问，南普陀素菜馆是初到厦门的素食者必到的打卡点之一，不仅因为这里的素食声名远扬，更重要的是两岸的素食文化与宗教信仰的渊源可谓一脉相承——如今在闽南、港澳台及东南亚华侨华人聚居之地，不少素食者同时也是虔诚的礼佛者。福建移民从故乡带去了素食在新的土地有了新的发展，他们的后代又将新的食材、做法及理念带往厦门乃至福建各地，就像一粒种子，回到最初出发的地方，孕育新的素食文化，并建立起新的联系。

一味野菜，两岸皆宜

假如说起山居之乐，生于泉州的文人林洪会告诉你，乐在一味清供。他所著的《山家清供》一书，收录了闽地山野之家的各类食谱，其中一篇“考亭蔊”曰：“考亭先生每饮后，则以蔊菜供。蔊，一出于盱江，分于建阳；一生于严滩石上。公所供，盖建阳种。集中有《蔊》诗可考。山谷孙崿，以沙卧蔊，食其苗，云‘生临汀者尤佳。’”考亭先生即朱子，用今天的话来说，朱子小酌时喜欢拿蔊菜做下酒菜，他对蔊菜的喜爱还体现在《公济惠山蔬四种，并以佳篇来贶，因次其韵》和《次刘秀野蔬食十三》等诗篇中，借焯菜隐喻士大夫应秉持刚正不阿的气节。

焯菜是一种随处可见的野菜，闽地山野间亦可见其踪影，食之辛辣，最常见的吃法就是切成细条，用滚水清烫后即食，若是怕辣，可用蜂蜜搅拌后再吃。据闽南民间传说，朱子在同安为官时喜欢采摘马齿苋做菜，故而闽南当地又将其称作“朱子菜”，在他曾经多次游历的同安莲花镇一带，如今俨然是天然无公害蔬菜的“桃花源”，分布着各个秉持生态、环保理念的蔬菜种植基地，其中位于莲花罗汉山景区的天岩山有机蔬菜基地，其种植的果蔬对于水源、土壤都有着高要求，基地里的“新农夫”还尝试改良了大量野菜，为市民日常饮食提供了新的绿色食材，游客不仅能在天岩山有机蔬菜基地参观蔬果种植，还能前往基地旁的罗汉山生态餐厅品尝用有机蔬菜烹饪的美食，亲自挑选、购买健康有机的蔬果，可谓一举多得。

食野之风，台湾亦有之。在台湾海拔 500 ~ 1200 米的原始森林中，生长着一种原生种蕨类植物，它附生在树干或岩壁，狭长翠绿的叶片自地下茎丛生，如绽开的烟花般向四方舒展，当地人将其称作鸟巢蕨。人们择下顶端卷曲的嫩叶，简单热炒、同稀饭一道熬煮，鸟巢蕨还有一个名字叫台湾山苏，这预示它与宝岛的渊源由来已久。

自恐龙时代便已存在的蕨类植物，历经千万年的繁衍，早已是台湾中低海拔山区中再寻常不过的野菜。随着台湾素食发展，追求健康饮食的观念深入人心，台湾山苏走进了大众的视野——人们发现这种野菜有助于预防高血压、糖尿病，并促进胃肠蠕动，有助于消化，而且只需简单的调味，清炒后就是一盘爽脆可口的时蔬。如今，这种“时髦”的野菜经台胞之手、漂洋过海来到厦门，出现在素食者的餐桌上。

驱车驶入厦门市同安区五显镇明溪村一带，道路两旁不时能见到种植大棚，当车爬上略显颠簸的山坡，爱芝园农场的大门出现在眼前。农场主李爱珠笑盈盈地从远处走来，为我们开了门。李爱珠的先生是台湾人，他从台湾引进许多高优果树苗种，包括肯布卡树葡萄、“黑糖芭比"莲雾、芒果等，夫妇二人在同安经营爱芝园农场已经十多年了。

除了果树，爱芝园农场还是台湾山苏培育种植基地，李爱珠带我们走进一处罩着黑色塑料薄膜的大棚，一丛丛翠绿的台湾山苏花在夕阳的照拂下，更显得鲜嫩可人。山苏的繁殖简单，成熟叶子的叶背处会长出孢子囊，随着叶子枯萎，孢子便落入土中自然萌芽生长，"山苏喜欢温暖的环境，20℃～25℃，但不能长时间被太阳直射，否则叶子会变黄，"李爱珠熟练地折下山苏叶最嫩的部分，递到我们跟前说："厦门和台湾的气候相近，适合种植台湾的一些蔬果，我们在同安培育山苏，采用有机栽培法，无农药、重金属残留，可以放心食用。"从爱芝园农场收获的山苏，被李爱珠夫妇载往厦门的农贸市场，继而被市民带回家，成为午餐或晚餐里的一道菜。山苏也受到不少素食餐厅的青睐，不仅仅是简单地清炒，还可做凉拌、沙拉、寿司、川烫等。

以感恩之心，推广素食

带着从爱芝园农场采摘的山苏叶，我们驱车来到距离农场仅十几分钟车程的菩提园素食餐厅，这里是同安第一家素食餐厅。"当初台湾的圣慧师姐因为师傅的建议，决定以素食餐厅的形式推广素食，才有了这间餐厅。"目前在菩提园掌勺的圣一对我们娓娓道来餐厅的由来，她还记得第一次素友来菩提园时，第一印象是"很安静舒适的氛围，客人不会大声喧哗，都很专注地吃饭"，令她对这间素食餐厅充满好感。后来与圣慧熟悉、跟着她学习做菜，圣一深深地被她的厨艺折服：茄子煲、三杯猴头菇、石锅拌饭、炒乌冬、咖喱煲、养生锅、扒双冬……各种精致美味的素菜令人目不暇接，不少在同安创业和生活的台湾人经常光顾，他们总说在这里吃到了台湾素食的味道。

"圣慧师姐做的素菜有鲜明的台菜风格，其中重要的几样食材，都是她专程从台湾带回来的。"圣一对我们说道。台湾素食产业发达，相应的素食食品也是多不胜数，尤其是各类冻品及加工产品，"其实台湾

九层塔　　树葡萄　　薄荷

有些素食用的食材原料是来自大陆，但台湾的加工技术比较成熟，做出来的产品风味更特别。”因此，圣慧从台湾用心挑选了包括杏鲍菇、猴头菇、素干贝、刀削面以及养生锅里的药膳汤包在内的诸多食材回厦门，至于时蔬类食材，则是从厦门及其周边城市精挑细选采购而来。以厦台两地的时令食材，结合台式烹饪手法，圣慧给同安乃至厦门的食客们带来了台湾味十足的素菜，由此菩提园在厦门本地的素食圈变得小有名气。

在圣一看来，圣慧对于素食似乎有着与生俱来的天赋，总能用看似普通的食材做出令人难忘的菜肴，秘诀之一就是应时而食。譬如每逢春季，圣慧会选用香椿新发的嫩芽做香椿炒饭，养生汤品随季节微调，夏季是清淡的萝卜汤，冬季改为麻油猴头菇汤；还有一道扒双冬在冬季才能尝

艺术摆盘，提升素食料理美感　图 / 苏允恺提供

到——因为主料是冬笋，而且必须选取其中最鲜嫩的部分入菜，虽然春季也有不少笋可供选择，但为了让食客尝到最纯正的滋味，她坚持选用当季的冬笋，正因如此，扒双冬才能够成为菩提园的招牌菜之一。

除了应时而食，圣慧在菩提园开发的菜谱还特别讲究搭配，包括色彩、造型及选用的餐器，这些观念在台湾素食中早已形成共识，力求在味道、观感等多方面的综合影响下，让吃素变成一种美的享受。圣慧的言传身教深深影响了圣一，虽然目前因为疫情圣慧暂时无法回到厦门，但圣一还是决定将菩提园经营下去，虽然一个人经营很辛苦，但圣一心中却很满足，她说："这间素食餐厅是因师姐的善念而诞生，希望更多人通过尝试素食，对大自然及身边的一切抱有感恩之心，这也是我坚持的理由。"

从素心,到善念

成立于厦门的快乐壹家人吃素团，是侨胞郑展伟发起的素食者团体，如今已经从推广素食延伸到公益活动，成立了慈善助学团、敬老公益团，从单纯吃素到关注弱势群体、为社会奉献自己的一份力量。成员中既有厦门本地的素食者，也不乏同他一样很早就跟随父辈到厦门创业的侨胞或华侨后代，他们多数人的籍贯是广东和福建，还有一些从小生活在华侨农场。据郑展伟介绍，快乐壹家人吃素团从最初成立时的几十人，到如今已经发展至八百多人，足以证明厦门素食群体的壮大，这也是厦门素食文化发展的一个佐证。

快乐壹家人吃素团的成员们因为各自的职业，有些时常前往东南亚、印度等素食文化兴盛的国家及地区工作或生活，他们将在当地感受到的素食文化带回厦门，譬如在印度从事外贸已经十多年的郑耿东和林建团，他们会跟吃素团的成员分享印度的素食观念，“在印度，你不需要刻意找素食餐厅，当地很多菜肴本来就是素的。甚至在火车上的流动餐车里，都是素食为主。”林建团说道，令他印象深刻的是一道名为 Aloo Gobhi 的菜，是印度餐桌上常见的素食：将洋葱切成小块下锅炒，一直炒至糊状，然后加上煮熟的土豆、包菜、咖喱等香料即可，可以做配菜，也可包在印度飞

成立于 2010 年的快乐壹家人吃素团是侨胞郑展伟（右三）发起的素食者团体

饼里当成卷饼吃。

据郑耿东观察，印度的素食以煎炸类食品为主，相较之下厦门素食更偏清淡，他笑着说："坦白讲，印度的贸易商来厦门谈生意，我们请他们吃素食，他们吃不太习惯，不过他们最喜欢就是酸辣土豆丝和玉米烙了，应该是口味跟他们家乡的比较贴近吧。"

因为宗教信仰的缘故，谢永丹和肖友龙时常前往东南亚地区朝圣，在他们印象中，泰国算得上是东南亚各国里素食文化较为兴盛的国度了。而且他们的素食中当地特色尤为明显，譬如诸多以水果为主的素菜和甜点，肖友龙回忆道："最常用在素食里的水果是椰子、芒果和菠萝，比如椰冻、杨枝甘露、芒果炒饭、菠萝炒饭等等。"

其中芒果炒饭的做法比较特别：将米饭蒸熟后加入椰浆，将芒果切块后与椰浆和米饭混合在一起，尝起来是清爽的甜口。从事餐饮行业的谢永丹将泰国素食的一些做法及食材带回厦门，比如将椰奶与蒸熟的南瓜做成南瓜椰子糕；同时结合闽南当地特色进行改良，使用厦门素食常用的食材，例如炒制多种菌菇，用一块麦饼将其卷起来品尝；还有白灼茭白笋后冰镇，吃的时候搭配不同的东南亚风味酱料，他将其命名为"妙笔生辉"，凡此种种，让厦门的素食者品尝到了不一样风味的素食。

在参加快乐壹家人吃素团之后，原本从事医药相关行业的张南生开始感受到素食也是一种养生的方式，譬如多摄入蔬菜、豆制品，减少肉食可减轻身体的负担，减少胃肠道疾病、糖尿病、心脏病等疾病的发生，同时让心境更加平和、不易烦躁。

同为吃素团成员的姚彦南一开始是肉食主义者，刚开始尝试素食时还有些不适应，后来跟随团员渐渐感受到素食带来的影响，他明显感觉身体变得更轻松，心情也更放松。另一位吃素团的老前辈李树通对此亦深有体会，他说："随着年龄增长，医生也会建议我们饮食清淡，多吃蔬果类食物，经常大鱼大肉容易得'三高'，多吃素是一种健康

快乐壹家人吃素团如今已发展至八百多人

的生活方式。”

关于如何健康地吃素，张南生时常关注一些养生专家发表的文章，其中他认为比较重要的，就是应时而食，应季养生，“气候干燥的时节，要常吃些润肺的食物，比如用百合和山药炖汤。”此外还有选择应季蔬果，尽量不吃反季节蔬果，他还强调，素食者应多摄取豆制品以补充蛋白质，“豆制品也有很多做法，比如同菌类一起炖煮，味道也是很不错的。”

当下因食品安全的问题促使人们更加重视自身健康，并审视自己的生活方式是否对环境造成不利影响，尤其在素食文化兴盛的南亚、东南亚等地，更多的新素食主义者通过素食表达对自然永续的生活方式的肯定与坚持，这些素食主张随着不同的人传到厦门，与这座城市积淀多年的素食文化碰撞之际，既获得了认同感，亦丰富了厦门素食文化的内涵。

饮食是认识一地风土的一个窗口。当年轻的素食者来到厦门，他们首先会调动自己的感官，去发现这座城市与自己生活的城市之间的异同，尤其当他们兼具素食主义者的身份，便更加在意这里是否是一个对素食者友好的城市？这里有我所熟悉的味道吗？我带来的新素食观念能否获得认同？就在反复验证与分享中，他们与厦门真正建立起了联结。

目前厦门已有素食餐馆百余家　图 / 王飞提供

“厦”一站，遇见未来

文 / 郑雯馨

无论所在的城市里素食文化是否盛行，因不同的原因，从台港澳地区及东南亚各地区来到厦门的年轻素食主义者，在他们尝试与这座城市建立起联系的过程中，素食成为一个重要的切入点，当他们游走在厦门的大街小巷、寻找各家素食餐厅时，自然而然会将自己故乡的素食与厦门的素食进行比较：他们为厦门带来了哪些素食的新灵感？厦门又为他们带来哪些素食的惊喜？

港青王飞:举办素食餐桌

7年,20余场素食餐桌,SIP CONTEMPORARY西餐厅创始人王飞让厦门的素食者及原本对素食无感的人发现了素食世界的丰富多彩。他与厦门的联系始于母亲，“我妈妈是厦门人，她很早就到香港生活，之后回到厦门经营韩式餐厅。”而王飞在香港长大，小学毕业后便前往加拿大读书生活，大约十年前，为了让母亲放心退休，他决定到厦门接手母亲的事业。

母亲的餐厅经营稳定后，王飞与几位志同道合的朋友在厦门开了SIP CONTEMPORARY西餐厅。他说:“其实我在十几年前就来过厦门,当时觉得这个城市很美，开了西餐厅后，认识了一些因为学佛而吃素的朋友。我感觉这里的多数人对素食还停留在拜佛、口味清淡等刻板印象。出于厨师的责任感，我想通过烹饪，让食客亲身感受到素食比他想象中更美味。”由此他萌发了素食餐桌的想法：每年举办四场素食主题的Chef's table，每次都带来崭新的食谱。2022年第一期素食餐桌就囊括

精美素食，亦是一道艺术品　图/王飞提供

了四五十种新鲜食材，且主打纯素，对此王飞自信地表示："大家会尝到更多生态有机的食材，感受创意素食带来的味蕾惊喜。"

品尝过 SIP 素食餐桌的人，大抵都会对素食产生新的认识：如时下风靡国外的康普茶，据说就源自中国古代的一种酸性饮料红茶菌，主要由茶、白糖及水发酵而成，因含有对人体有益的益生菌而广受追捧。"我们做的康普茶经历了两次发酵。"王飞介绍说，在第一次发酵后，他尝试加入九层塔、凤梨及非洲一种名为 Rooibos 的茶，"这种茶的特点是不含咖啡因，用这些食材进行第二次发酵，带来新风味。"发酵时所产生的菌膜含有丰富纤维，难以入口，王飞想到用破壁机将其打碎，再加入蔬果，制成调味酱；或者将其烘干，做成一块糖。"简而言之，我们希望在食材方面尽可能做到零浪费，以烹饪的创意带给大家健康且环保的美食。"王飞说道。

作为一名环保人士，王飞希望通过推广素食，引起大众对环境保护

港青王飞认可古老农耕提供的食材，注重料理研发

的重视。长期为SIP CONTEMPORARY供应新鲜食材的是创办于厦门的古老农耕，他们坚持以392项农药残留物检测标准，为消费者带来真正在生态有机环境下培育的蔬果。王飞说："古老农耕的技术团队不仅帮助全国这些农场进行生态种植，还提供销售平台。这么做不仅是保护生态环境，也是维护这些农夫的权益，是一种公平贸易。"

正因为认可古老农耕提供的食材，王飞得以将更多精力倾注于料理研发，令他开心的是，举办素食餐桌至今，菜单上95%都是有机生态的食材，说明了大众的生态意识正逐步提高。而他将继续用创意研发素食料理，为厦门这座城市带来关于素食的更多可能。

印尼华裔林志亮:在厦门遇见家乡味

从广州到印尼，是一百年前林志亮曾祖父下南洋的路径，当时的背井离乡是为了生存而拼搏，众多华人就此在异乡落地生根，传衍立业。

林志亮家族几代人的经历亦是当时下南洋华人的一个缩影，他回忆道：“我爷爷在印尼从事捕鱼，后来拥有了自己的渔船，在印尼的一个小乡镇落脚；我爸爸妈妈这一代因为接受了高等教育，开始自己做生意，而我是在棉兰长大，后来跟哥哥到厦门留学，毕业后就留在厦门工作。”

棉兰是印尼第三大城市，其中华人占总人口约19%，以广东、福建两地移民居多，这两地的移民带去了不同的宗教信仰，并在印尼建起寺庙道观，其中信奉佛教的华侨家庭，或多或少都会尝试素食，有些人还是全素主义者，他们将吃素与信仰挂钩，因此在食材、烹饪上的选择更为细致，对素食的“信念感”亦更强烈。林志亮的外公一家正是如此，他说：“妈妈因为家庭信仰宗教的原因吃素，而我从出生以来就没有碰过肉。” 他也坦言，自己一开始吃素的确是受到了家庭的影响，但后来的动力不再仅仅局限于信仰，而是他由衷地感受到吃素

素食潮流来袭　图/睦谷

给自己身体带来的良好反应，让自己变得更加健康。

在林正亮印象中，棉兰当地素食餐馆基本都是华人开的，烹饪方式与中式素食基本相似，“炖、蒸、爆炒等做法都有，也会使用很多叶菜，比较特别的一点，应该是添加印尼的香料吧，常用的有 Cengkeh（丁香）、Pala（肉豆蔻）、Sereh（香茅）、kayu manis（肉桂），还有 Kunyit（姜黄），是印尼咖喱的主要香料之一。” 令他难忘的还有印尼的一种菜饼，就是将胡萝卜、包菜、四季豆、香菇切碎，与面粉裹在一起，摊成饼状下锅油炸。他在厦门留学期间，吃到同样的小吃时心中倍感亲切，他也喜欢探索厦门的素食餐厅，从寺庙里的素菜馆到商业街上的素食餐厅、巷子里的素食小馆，从点菜式到自助式，在厦门生活的三年多，林志亮吃了二十多家素食馆，在他看来，“其实印尼的素菜和闽南的素菜从做法和口味来说，没有太大的区别，反而肉食差异更大些”。

印尼华裔林志亮（右二）在厦门遇见家乡味

除了下馆子，林志亮也会从菜市场、超市购买食材自炊，有一些食材不易购买，他就尝试自己做，比如天贝。林志亮饶有兴致地介绍道："首先将黄豆清洗后浸泡 1 ～ 2 小时，接着大火水煮黄豆，等沸腾后关火盖上锅盖，静置一晚；第二天将黄豆搬到盆里，加入凉水用手搓掉黄豆皮，并多次换水清洗黄豆；接着剥完皮的黄豆用大火水煮 1 小时，将煮完的水倒掉，用有洞的盆接黄豆，轻轻摇晃至盆变凉，切忌不能有水；在凉了的黄豆上撒上天贝酵母，搅拌均匀后倒入自封袋，用牙签扎空双面自封袋；注意将其放在封闭的空间内，室温保持 27℃ ~30℃。"

完成这些步骤后，两三天(冬季需要四天)就可以看到天贝菌长出来，最终形成白色的饼状，天贝的口感相较豆腐更紧实且有嚼劲。林志亮给身边的厦门朋友尝过天贝，"感觉大家的评价还是比较两极化的。"在林志亮看来，这种在印尼素菜馆随处可见的健康食物，能够在厦门这座素食文化同样兴盛的城市里，被更多人了解和接受，无疑是厦门的素食主义者的一大福音。

台青苏允恺:它就像多米诺骨牌一样

"为什么要吃素？"从尝试素食的那天起，台青苏允恺就一直不断在思考这个问题。促使他吃素的契机，是 2020 年疫情带来的触动，让他决定"为了健康、为了环保，也为了身边的朋友开始尝试素食。"一年多的"素龄"带给苏允恺的是"身体变得轻松，觉得充满活力"，并让他决心放下先前的业务，从昆明飞到厦门投身素食推广的事业。

在苏允恺看来，"厦门面向台青创业推出了不少利好政策，最重要的是，我们的素食工厂就在厦门，方便我进行研发指导及开展推广活动。"据他介绍，二十多年前，一群崇尚素食的台湾人来到厦门后，发现想要在当地找到合适的食材并不容易，于是他们在厦门创办了谷峰钟企业有限公司，以台湾的传统工艺制作素食产品。"我们工厂主打的产品包括豆制品、面筋类及魔芋类制品，黄豆来自黑龙江、魔芋

台青苏允恺（右一）与亲友素食聚餐

来自云南，由经验丰富的台湾老师傅进行原料的加工制作，这些产品很受欢迎，大家都说是台湾的味道。”苏允恺说道。

从2021年初苏允恺开展线上推广，并在龙山文创园的两岸台青心家园开设公益素食食堂，与不少崇尚素食的台胞交流如何吃素。“素食并没有想象中复杂，只是将肉食的部分换成素食。”苏允恺从办公室拿出一袋豆包，饶有兴致地说：“比如这个豆包，配料就是黄豆和水，我会将它两面煎至金黄，撒上一点酱料，配米饭就很可口。”

除此之外，苏允恺特别喜欢的一道素菜，是母亲曾经煮给他吃的五行蔬菜汤。就是将大白菜、胡萝卜、西兰花、玉米、香菇五种颜色的蔬菜放入滚水的锅中煮，“不用加调料，这样煮出来的汤本来就很甜，而且呈现出半透明的色泽，每次喝到那碗汤，我就觉得自己充满了力量。”当你开始吃素后，自然而然会开始思考，是否为了自己的健康乃至地球去做一些环保公益的事情。素食就像是多米诺骨牌的第一枚骨牌，通过它，推动一系列好理念的连锁反应。

自然生长于闽台山丘密林、溪涧幽谷的各类野草，不仅被闽台先民视为疗伤良药，更是古早饭席上常见的配菜，如今那些青草药及被驯化的野菜不仅出现在家庭的小菜园内，还出现在素食食谱中，为素食者提供健康、养生的饮食方案。

药食同源：寻找疗愈力与生命力

文 / 郑雯馨

古早以前的生活是季节感分明的，土地里长出来什么，人们就吃什么，能够真切地感受到这些食物对身体产生的影响，彼时，人与土地的联系是自然而然地存在的。在台籍青草药非遗传承人陈慧中看来，“吃素就是吃那些应季生长、顺应时令耕耘的谷物、蔬果、植物，感受自己与自然的融洽。认识到这一点就能更自由地吃素，不必纠结条条框框的限制。”

从青草药，到健康菜

在生机勃勃的春夏之交，如藤蔓般匍匐地面、随风微微晃动着肥厚圆叶的马齿苋是闽台常见的青草药，将其嫩叶摘下、轻轻揉捻会分泌出黏液，陈慧中介绍道：一般这类青草药，对治疗胃、口腔处黏膜的问题有所帮助。对肠炎、腹泻、疔疮疖肿等症状，除却药用功效，新鲜的马齿苋口感脆嫩，适宜加蒜头清炒，或是加上醋做成凉拌菜以及同淘洗过的薏仁、大米一同放入砂锅，慢火焖煮就是一碗美味的马齿苋薏米粥。

若是苦于盛夏燥热，不妨摘些鱼腥草泡茶，这种喜荫的蔓生植物，因搓碎后散发着鱼腥味而得名。因鱼腥草具有清热解毒之功效，在台湾主要作为夏季消暑的茶饮，“将新鲜的鱼腥草加水煮熟后熄火，放几片薄荷，用余温焖一会儿，这样泡出来的味道很香。在我们家，这样的茶饮可以喝一整个夏天。”不过陈慧中在厦门生活后才发现，原来闽南地区还会将鱼腥草入菜，譬如鱼腥草炒蛋、凉拌鱼腥草及鱼腥草粥，都是家常清炒的做法，若是介意鱼腥草的味道，可以晒干后再使用，此时气味会变成近似肉桂的香气。

老佛爷饼，以四神汤为主方，有健脾祛湿功效　图/南普陀素菜馆

常常饮用豁然饮，让人有豁然开朗的感觉　图/南普陀素菜馆

入秋之后是许多青草药的采摘旺季，尤其是在杂草丛中盈盈可爱的小菊花、山菊花、草菊等，闽台两地都习惯将这些黄色小花摘下，可晒干后泡菊花茶，可取鲜花瓣做菜，台湾有些素食馆还有油炸鲜花的菜品。秋季气候干燥，可多吃利肺润喉的食物，如冰糖炖梨、冰糖炖木耳，若是有咳嗽、流鼻涕等受风寒的前兆，厨房常见的风葱和姜也能派上用场，陈慧中说："烧一锅水，放入葱白、姜、紫苏及红糖，煮沸之后趁热喝下去，对治感冒很有效；如果是整夜咳嗽、睡不好，可以试着把干姜贴在脚底的涌泉穴或肚脐上。"

在闽台两地，冬季是一年中最为重要的进补时节，尤其在冬至这一天，闽南地区几乎家家户户都飘着四物汤的香气，这种以当归、川芎、白芍、熟地黄四味药材为主要原料、加上其他食材一同熬制的药膳，有助于补养气血。虽非闽南首创，却在闽南地区传承至今，素食者可用豆制品、面筋等替代传统的鸡鸭、排骨。值得一提的是，在闽南一家人都可享用的四物药膳，在台湾则主要是女性调养身体之用，陈慧中表示，"在台湾，四物汤基本都是女生喝的，用于调理气血亏虚及生理期不顺畅。"此外，四物中的当归也时常出现在闽台饮食中，当归面线就是一道老少皆宜的菜肴，在素食餐厅的菜单上也常能见到，加入当归、枸杞、黄耆同菌菇高汤熬煮出来的面汤，令面线变得更为清爽可口，同时散发着中药特有的香味，对人体有着一定的益气补血之功效。

顺应节气，食疗养生

谈起闽台地区的养生观，可借用一句闽南俗语的前半句来概括，即"一年补透透"，至于这句话的后半句"不如补某某"则可以代入大部分的节气。因为在古人眼中，自然的四季更迭同时影响着人体各方面的感受，故而顺应天时变化，调养作息及饮食，能避免病邪、永葆健康。

福建地区广袤分布的山陵密谷，孕育着种类繁多的植被，闽地先民在漫长的岁月里，从辨识到应用，积累了丰富的有关植物的食用及药用知识，这些经验之谈不仅深刻影响了生活在这片土地上的人，还被一批福建人带往台湾，当中或许有一两颗野草的种子，粘在他们的衣衫上，不经意间便落入台湾的土地，再次繁衍开来；同时生长于这座亚热带季风气候的岛屿上的植物，也提供了更多应用的可能，在上百年的传承与发展中，逐渐形成了颇具闽台特色的药膳食疗体系。

例如南普陀素菜馆新推出的素食餐品，将闽南传统食疗的观念融入素食,包括结合闽南湿气重的气候特点,以四神汤为主方设计的老佛爷饼。还有考虑现代人快节奏的生活步调的一款饮之舒心的豁然饮，有豁然开朗之感。

针对青草药的食用,闽台两地也有不同之处。陈慧中从小在台湾长大，对当地青草药的认识来自那些散发着青草香的青草铺子和凉茶铺，店里总是摆放着一桶桶用不同青草药搭配熬煮的凉茶，当顾客说自己口干口苦、嘴巴破或是喉咙痛时，店主便熟练地选出合适的凉茶，既可冰镇，也提供热饮。气候宜人的厦门凭借得天独厚的自然环境以及各种休闲设施及景点的开发打造，成为众多游人心目中适合康养休闲的旅游目的地之一。厦门市文旅局还携手厦门主流媒体，推出了“点亮厦门康养美食菜单”，入选的100道菜品中自然少不了素食及药膳，包括：台湾野山苏、桂花贡莲、野生地皮菜炒蛋、铁观音汤团、荳绿茨引猴菇排等等，将康养与素食的概念相融合，向大众展现了厦门素食的创意发展。

亲手耕耘,草药疗愈

从前在闽南古厝的房前屋后，总能见到种在大大小小的土盆里的青草药，原本长在野外的青草药有些同时也是野菜，经过人类的驯化，它们成了闽南家中特殊的成员，外形也产生了一些变化，如学名落葵的青草药，如今在市场也能见到它的身影，相较于野生种，人工种植的落葵的叶片更大、更嫩，因为口感像木耳般柔软，所以闽南一带称其为木耳菜，台湾则叫作皇宫菜。落葵有清热、明目的功效，而且热量低、脂肪少、钙、铁含量高，契合当下健康饮食的需求，因此它身上的“药性”反而被淡化，成为备受素食者青睐的蔬菜之一。

落葵的“驯化记”亦是许多闽南青草药的缩影，这是由于药食同源的观念已深入人心。一些对青草药感兴趣的闽台青年尝试在家中辟一小块区域、种几盆可食可药的青草药株，陈慧中便是其中之一。她在家中的阳台种植了几盆常用的青草药，并通过拍摄短视频和大家分自己是如何种植、使用青草药的。倘若你是刚踏入青草药世界的初学者，可以先从易养的植株开始，薄荷、紫苏、到手香、九层塔、鱼腥草、金钱草、锦绣苋都是不错的选择。

若是素食者想了解如何用这些青草药做菜，在陈慧中名为“野蔓清扬”的视频号里也有不少食谱可供参考，如夏季凉拌菜可选用白子菜，择嫩叶洗净后，加入姜、蒜、葱及炒熟的白芝麻，淋上酱油、白醋、白糖后搅拌均匀即可，既解暑又开胃。除了炒菜，陈慧中还将青草药制成酱料，如紫苏芝麻酱：将晒干的紫苏叶干、蒜头、橄榄油、盐、芝麻、黑胡椒一同放入破壁机打碎，将呈墨绿色的酱倒入玻璃罐中密封，用来拌面、涂抹在面包上都很好吃。

对陈慧中来说，培植、品尝青草药这件事，更像是一场疗愈，“通过植物这个媒介，我们再次与土地建立联系，看着它发芽、长叶、开花、结果，你会感受到一种生命力，以及对土地怀有真挚的感恩之情。”

人们选择素食的初心是什么？陈慧中在青草药中找到了答案，“人们希望借由植物类食物，回到最开始与土地共生、与天地万物一同感受四时更替的生存方式。”

图书在版编目(CIP)数据

我素我行 / 台海杂志社编 . -- 福州：海峡文艺出版社，2022.10

ISBN 978-7-5550-3184-0

I. ①我… Ⅱ . ①台… Ⅲ . ①菜谱 - 中国 Ⅳ. ① TS972.182

中国版本图书馆 CIP 数据核字 (2022) 第 199568 号

我素我行

台海杂志社 编

出 版 人	林滨		
责任编辑	何莉		
出版发行	海峡文艺出版社		
经　　销	福建新华发行（集团）有限责任公司		
社　　址	福州市东水路 76 号 14 层	邮编	350001
发 行 部	0591-87536797		
印　　刷	福州报业鸿升印刷有限责任公司	邮编	350007
厂　　址	福州市仓山区建新镇建新北路 151 号		
开　　本	787 毫米 x1092 毫米 1/16		
字　　数	100 千字		
印　　张	14.5		
版　　次	2022 年 10 月第 1 版		
印　　次	2022 年 10 月第 1 次印刷		
书　　号	ISBN 978-7-5550-3184-0		
定　　价	66.00 元		

如发现印装质量问题，请寄承印厂调换